澤八仙花 *Hydrangea serrata* for. *acuminata*

植物學家的筆記

植物告訴我的故事

圖／文 申惠雨　審訂／林政道　譯／何汲

Notes of a botanist

感覺有點奢侈的植物筆記

作家／黃瀚嶢

　　《植物學家的筆記》是個相當樸素的書名，但讀者首先必須知道，當代植物研究者，絕少會做圖文筆記，更遑論在筆記之外，額外思考關於生命的課題——因此，這書名或可讀出更複雜的意涵。

　　只要稍加翻閱，就會知道本書同時呈現了作者許多極精緻的科學插畫（事實上，每幅插畫，都只是其原畫作的一小部分而已），本書的圖與文對我而言，絕對是需要等量齊觀的。

　　兩年前，從一本設計雜誌上，我再次看到HyeWoo Shin（本書翻作申惠雨）這個名字，以及她高辨識度的植物繪圖作品。通常在標注為「植物藝術」（Botanical art）這類型的繪畫中，繪者都會盡量呈現一株植物最燦爛的時刻，可能是盛花、盛果的枝條，或者結滿孢子的蕨葉，旁邊頂多補充一些細節特寫——然而申惠雨的許多作品，是將一朵花從花苞、初綻、盛開乃至凋萎與結果的整個過程，畫成連環圖；從種子萌芽到孢子釋放，她總選擇將這些精細繁複的過程，一絲不苟地呈現在觀者眼前，甚至整棵遠觀的樹形，草花的生長環境，也常淡淡地描繪在一角，彷彿意圖看盡這種植物的所有細節，與每個時間切面。

在雜誌的訪談中，申惠雨曾說：「與其說我畫的是靜物畫，不如說是我在創作『肖像畫』。」真正好的肖像畫，遠不止描繪外觀，而是要能呈現對象的整個生命歷程、社會關係與生活環境，那是嘗試道盡一切的繪圖。本書前言中，作者自述其每一幅植物繪圖，都至少經歷一年的深入調查，才能蒐集完所有的細節，成為最終的圖版——我相信這是真的，她所操作的，是相當純正而古典的博物學式繪圖，這種不只極有企圖，也極有耐心的繪畫方式，每次看到的第一反應都是，啊，多麼奢侈啊。

這種欽羨，除了是針對作品的極致精細，與態度上極致的專注執著外，也是對於，她竟能有這樣的時間精力，如此認真對待這單一種植物。身為第一線的研究者，據聞作者實際參與的研究項目，除了植物的形態分類，也包含發育、基因體與生態學等面向，這種全面式的觀察，確實是「博物學家」的態度，不得不說，許多當代研究者，尚擔不起這樣的稱號。

這是我以圖像與短短的專訪所理解的申惠雨，因此當收到《植物學家的筆記》書稿，並再次一眼認出她的圖之後，我得以重新用文字再次認識這位植物學家。

本書的章節段落呈現了不同層次，除了植物形態適應的概論性介紹外，也包含了植物生長發育的細節，有時帶入最新的科學研究，或與其他的科普文本進行對話（例如反駁「植物的祕密生命」）。申惠雨的文字沒有過度奔放的渲染，呈現一種科學的內斂態度，這跟她的圖畫是一致的。每篇文章最末，通常會有一段從植物中獲得的思索——這些素樸的，像剛從土中長出的話語，有時會讓我錯以為是十九世紀的文字，像老派博物學家的日記，帶著

純真與輕盈，這又再次回應了其繪畫的古典質地。

申惠雨還說過非常博物學的另一句話：「人們常問我是如何同時勝任植物學研究和插畫兩件事……但對我而言，我一直都是在做同一件事，也就是植物學。」

我必須再次強調，此處的植物學，未必是學院中的研究日常，或許這種帶著輕盈與藝術性的「植物生活」，是重新提煉出了植物另一個價值，與其說那是美感，不如說是一種生命狀態。那狀態或許曾在某個時代，是學者面對自然的主要態度，然而當代這麼多人想將其召喚回來，或許正就因為，這種「植物筆記」背後的生活質地，在追逐進步的現代，感覺實在是有點奢侈的事。

關於黃瀚嶢

台大森林所碩士。 1988年生，成長於都市，但自小喜愛自然觀察。現從事生態圖文創作與環境教育，作品散見於兒童雜誌與環境教育相關出版品。
著有兒童生態繪本《圍籬上的小黑點》，環境教案集《野地之眼》以及生態解說手冊《霧林蛾書》。
長期擔任永和社區大學生態課程講師，並為雜誌書《地味手帖》之專欄作者。小說作品《搖樹》曾獲時報文學獎。

翻轉植物的刻板印象

　　山徑的行程中，若是有森林系或是植物系的山友同行，我總是二話不說搶奪搖滾區，像個孩子般地問東問西。人類是以人類視角去介入所有生物，但植物學是以植物視角去理解屬於它們的思考、嗅覺、競爭與合作。

　　書中以深遠淵博的學識為主軸，輔以美麗纖細的圖鑑，最讓我驚豔的是，作者透過對植物的觀察，進而轉譯成人生的哲學，帶出不同的生命體悟，每每讀到最後幾句，都無法闔頁，省思久久。

　　因此，水晶蘭不再只是山中精靈，也具備了善良利他心，可以說是人美心也美的植物代表。而人類以為浮浮沉沉的紫萍，並非是無處可歸的小可憐，反而成為善於適應環境的冒險英雄！

　　此書翻轉我對植物的刻板印象，以更詩意更純粹的方式去解釋植物複雜又簡單的生活哲學，真的等不及帶著這本書到戶外走走了！

—— 作家 山女孩Kit

像詩一樣的優美

　　喜歡植物的人，許多時候不擅長與人相處，反倒喜歡靜靜地觀察植物，藉由植物反觀自己，找到自己靈魂的道路。在《植物學家的筆記》一書中，看到了另一個國家，有一人用熟悉的方式與植物相處，驚喜不已。

　　靜靜地觀察植物，並自己繪圖、寫文，既寫自然生態，也寫歷史文化，還有自己因為喜歡植物而獲得的體悟與觀照。再仔細看每一篇文章的篇名與章節名稱，都是像詩一樣的優美。但是那些堅持非要交代清楚的植物學概念，藏在章節裡只有植物人能理解的編排順序，都彷彿是細胞壁圈的獨特密碼。

　　啊！我開始憑空想像，作者應該是個心靈富足的人吧！如果人的靈魂有顏色和氣味，她應當會是我最最熟悉的那種植物魂。

—— 金鼎獎植物科普作家 王瑞閔

謙虛中的寧靜

　　這是一本適合白日繁忙褪去，夜半家人熟睡時閱讀的書。一位植物學家，用細緻的植物彩圖與平緩口吻，述說她在繪製每株植物時對它所知。我尤其喜愛她謙虛中的寧靜，沒有過多擬人化與渲染，一如植物繪圖師職涯路上，儘管震懾於自然之美，然而洗滌筆尖與心，平穩踏實的敘事圖說，才能趨近客觀地呈現物種生命演化的輪廓。

—— 北鳥・自然美學時光

被一篇篇美麗吸引……

　　翻開《植物學家的筆記》，一開始先是被那細緻入微的插畫所吸引，植物的線條柔美優雅，色調溫和，以一種要娓娓道來的姿態，引人目光。進入作者的文字書寫後，就跟插畫一樣，慢慢的，我被吸進了一篇篇美麗的筆記裡，這些美麗，充滿作者對植物的愛。植物學家用一種比日常對話深一點，比研究論述淺一點的說話方式，領著我去看了很多韓國本土，或境外的植物，逐著文字，像是打開了百寶箱，得到的除了與植物相關的知識之外，還有許多的感動、驚奇與失落……對於成為行道樹、庭院樹的銀杏樹來說，人類是傳播種子的唯一媒介動物；原來龜背芋有些葉子產生裂紋，有些則無，是有特殊原因的；瀕危的伍德蘇鐵，只剩雄株，目前在這世界上還找不到雌株，只能開花無法結果，孤伶伶地存活著……循著作者對於植物，如故事般的各種解說，彷彿也跟著理解了一些什麼，闔上書頁，進入門外的花園時，不再認為那是我的花園，我只是其中的一個渺小，非常感謝植物的陪伴！

—— 茉莉花園

植物學知識如此溫柔多情

　　數年前在日本我偶然認識一位韓國植物學者。相談甚歡之際，他贈與我一套描繪韓國珍稀花草的明信片作為紀念。那套明信片是如此令人印象深刻，純白的紙張上頭印著以水彩描繪的精緻植物圖像，除了精準地勾勒出植物身上微小的組織，繪者還細心地將它們棲息的環境一併呈現。這樣的作品不僅帶有植物學的專業，但更是那將生境融入構圖的小心思，讓我感受到繪

者對植物的熱愛,將其視為活生生的生命,而非只是用來作畫臨摹的物件。巧合的是,原來本書作者申惠雨博士是那一套明信片的繪者之一。於我,申博士的這本書本身就像是一株充滿活力與生命之美的植物,它花葉繁茂,因為書裡所記載的植物學知識,它也溫柔多情,只因它在申博士的愛裡成長並茁壯。何其有幸,我們能擁有一位同時深諳植物學與美術的作者,將植物這種生命形式以如此雋永優美的方式呈現在我們眼前。

—— 台大森林環境暨資源系博士、《通往世界的植物》作者 游旨价

詩意的野地探索時光

早期植物學家透過採集筆記,以畫筆、剪報、地圖、植物線描,留下探險旅程與植物的初相遇,他們也是博物學者,吉光片羽的各種觀察紀錄,引發後續追隨者的推論解謎,滿足了探索的好奇心,最終更成就了科學發展。

資訊發達的今日,重視植物學的南韓,創新科研機構的植物研究制度、建設植物園與種原庫、政府部門的公共工程與公共藝術百家爭鳴,民間更擁有亞洲最大的植物繪畫社群,科普和植物繪畫也頗多新意,這本書正是一個大驚喜。

觀察敏銳且心思細膩的植物學家,經過植物科學的洗禮以及其他國家植物園的學習,最終轉化為對在地植物的關注。透過精緻具解說性的植物畫,創作出一本詩集般的植物故事書,每則賞心悅目的知識,都足以陪伴我們度過一段野地的探索時光。

—— 台灣環境資訊協會理事 董景生

凡例

· 本書的學名以韓國國家標準植物目錄為準。

· 分類體系依照植物界之下的門、綱、目、科、屬、種的順序分類。

　　地錢草（*Androsace umbellata*）開了。小小的葉子簇
集成團，從地上冒了出來。即使這樣，一束葉子也不過
是硬幣大小。如果只是透過照片來看地錢草，很難在田
野上找到它，甚至要趴在地上才能看到，因而它的樣子
比想像中更為可愛。從圓圓的葉子中間，爬上細如絲的
花柄，如雨傘一樣地展開。每個花柄的末端都結著點狀
的花托，白色的花朵倏然地綻放開來。這是它耀眼的開
始。一如其名地迎接著春天。今年春天，地錢草依然以
同樣的姿態盛開，在陽光下光彩奪目，讓我心動不已。

　　童年時代的記憶非常深刻。也許那時遇到的植物，
也為我決定了一生志業。雖然我是進入大學之後，才正
式以做學問的方式研究植物，但是在那之前，我便已開
始穿梭於林野之間，或者在母親的庭院和陽臺上仔細觀

察植物。有時候在研讀專業書籍或圖鑑之前，總會先感受到一些東西。除了感到美麗或神奇之外，我度過了對植物充滿好奇的童年時期，也曾希望生而為植物，因為我覺得它們獨自站在陽光和雨中的原野上，似乎也不覺得孤單，而且植物也是地球上唯一能生產能量的生產者。雖然植物總是活在同一個位置上，卻是佔領地球的堅強夢想家。

有時候人們因為我專攻植物學，說我看起來像棵植物，或者是個像植物的人。然而我終究是人類，是生物學上歸類為哺乳綱之下的智人種（*Homo sapiens*），所以只能以動物的視角來理解植物。即使學習了植物的形態、演化、系統、遺傳、生態等多方面的植物學領域，可能還是永遠也無法正確地理解植物。不過，幼年時期對植物的好奇心越來越大且有增無減，所以我一直在鑽研植物學。

另一方面，在學習植物的過程中，身而為「人」所要經歷的痛苦和困難，若在大自然中以「人」的角度面對植物的話，也可以加以克服。最近追求療癒和舒適的人們曾感嘆說，植物正被大量消費了。但是我從植物那裡得到了很大的安慰。在社會上身而為「人」地生活，

我一直飽受傷害而關上心門，顛顛簸簸地走在人生旅途中。某一天，感到工作堆積如山，想不出究竟為誰所愛時，我想起了獨自站在原野上的植物，而且它們的影像立即浮現在腦海，我再次明白了身而為「人」該如何生活、何謂幸福，並重新思考了前行的道路。

比起擔心我所愛的人在茫茫人海中隱沒，我更擔心對方離開人世。然而，對地球上所有的生命來說，消失不僅僅是一件重要的事情，更是一件美好的事情。當我看到花草凋謝之後，堆成了乾枯而破碎的植物碎片時，明白了逝者已逝不復相見；又或者碰見活了數千年的樹木，就會理解到我將比它先消失的道理。在植物標本室見到的數千、數萬個標本，最終都是死去的植物。所以，遇到活生生的植物時，我就會感謝自己和植物曾經在地球上活著，這種相聚在一起且仰天而立的事情，是多麼彌足珍貴。

很多人退休之後走在路上會說出：「哇！花又變得好漂亮」「叫什麼名字呢？」等話來。我認為如果這些人在幼年時期與自然多親近，也許就能更早一些，或者一輩子都能從植物那裡得到安慰，一起幸福的瞬間也會更多。

植物畫則是我對於所畫的植物物種進行深入調查，並觀察其一生後，至少歷時一年製作而成。畫的時候，我曾做過文獻調查和長時間觀察，仔細看過很多植物標本，這是段漫長而艱辛的過程。如果錯過需要觀察的重要部分，經常要等到第二年。如同這般辛苦的過程，在完成所有內容集結成一幅畫時，我會感到無比欣慰。對我來說，許多畫作的採集就像做完科學實驗後完成的論文一樣重要。人類會去定義和解釋其他生物，科學家們常被視為制定對自然的規定和規則的人類中心主義（Anthropocentrism）代表。但是對我而言，植物學是從植物的立場去理解並學習如何解釋它的過程。相較於以人類的立場去呈現造型上的美麗，我是站在植物的立場上，透過畫作來呈現地球生存的形態、生態及進化等。這是我透過科學的訓練，勾勒出對植物的熱愛。相信這種植物畫可以提供任何看這本書的人，分享愛護植物的機會。

　　地球上有許多植物的種類，有各種美好的故事。本書中所包含的植物故事雖然過於簡短和不足，但是希望成為讀者站在植物的立場思考、瞭解植物心靈的瞬間。一如演員獲得體會別人的人生，而非自己人生的樂趣一

樣，我總是思考人類在認識和經歷其他生物的過程中，獲得無限想像力和喜悅的情形。我相信在我們試著努力去理解各種生物的過程中，將會重新認識到在我們身邊的生物是多麼珍貴的存在。此外，我也希望人們可以自然而然地產生熱愛植物的心，並且守護大自然。

我把在SERICEO網站（www.sericeo.com）兩年八個月期間，每月刊載一篇的《植物學家的筆記》內容加以整理，並且收錄在本書中。最初的十五篇稿子是一口氣寫完及拍攝影片，連載了一年三個月；現在回想起來，好像什麼都不懂，就覺得可以挑戰這個目標似的。當初原想說每個月寫一、兩篇稿子，然後拍攝，最好每個月都調整一下，由於有個去美國研究的行程，所以只好短時間內一次製作了十五篇，然後就去了美國。之後因為是每月刊載一篇，這才感覺到自己的不足。當我每個月看到這些連載的影片時，都會覺得可以做得更好，或是感到內容過於艱深，可以用更準確的方式表達，雖然有這種遺憾和體悟，但都是在刊登之後的事了。

不過，我還是感謝那些讓我和植物變得親近的人。這十五篇文章連載完成之後，我回到韓國，再次接到撰

寫另外十七篇的提案，我每個月寫一、兩篇文章，然後拍攝，花了兩年八個月的時間完成。雖然原以為會比剛開始一無所知時好上許多，然而只是再次確認了自己的文筆和口才並沒有多少長進。我一直苦惱著是否要提及常見的內容，專業的內容要包含多少？以及我喜歡的東西，別人也會喜歡嗎？如今回想起來，我好像很草率地說明了植物所蘊藏的故事，覺得很對不起植物。

我六歲時第一次看到植物圖鑑而得知地錢草的名字，如今記憶猶新。由於不斷發現植物的新面貌，而一再感到驚訝，覺得它們又可愛又讓人心動。希望讀完這本書後，讀者們能夠在看到植物時，也體會到這種感受。

雖然身為新進的科學家，有感於自己學識不足，無法與資深研究員（senior researcher）相提並論而一再婉拒，但是感謝給予我機會，並說服我寫作的孫仁淑（譯音）製作人和SERICEO公司的相關人員。在寫書的過程中，我單純地認為只要把當初為了拍攝影片而寫的稿子，原封不動地收錄進去就可以，但是拍攝影片和寫作真的是兩碼事。我的笨拙和不足就像製作影像時一樣，在開始寫作的時候也反覆出現，即便如此，感謝金英士

（譯音）編輯和姜智慧（譯音）編輯還是循序漸進地激勵著我。

　　小時候，誰也沒想到我會選擇植物學，因為我在鄉下曾經以擅長繪畫而聞名。由於想同時學習植物和畫畫，所以選擇了時裝設計當成輔修，不論是哪個學校的美術系，我都曾經去打聽了一番，也曾獨自整理和調查畫家們的作品。由於有瞭解我對美術的熱愛的植物學教授和前輩們，我才能開始畫植物。多虧了教授們和前輩們，我學會了在生活中帶著各式各樣的夢想去挑戰。此外，透過專業書籍和圖鑑，我也瞭解了很多植物，從教授植物分類學的許多教授和前輩們、一起學習的同事和後輩們那裡也學到了很多，由衷地謝謝大家。

　　最後，非常感恩父母讓我擁有愛護植物的心，並且給予我持續學習和畫畫的動力。

二〇二一年春天
申惠雨

序   013

CHAPTER 1 閃耀的開始

note 01 隱藏的幫手們   024

note 02 直到見光為止   032

note 03 現在正是花開時刻   040

note 04 驅動世界的小粒子   048

note 05 蕨菜的四億年   056

note 06 落到大地的葉子   064

CHAPTER 2 獨自站在原野之上

note 01 漂泊在水上的勇氣   076

note 02 這樣的地方，也有草綠色！   084

note 03 樹的盔甲   092

note 04 倖存下來的歷史   100

note 05 儘管如此，獨島的植物   108

CHAPTER 3　堅韌不拔的夢想家們

note 01　轉向，更近目標　　　　　　118

note 02　樹葉們有理由的行進　　　　126

note 03　治水的植物　　　　　　　　136

note 04　植物猛獸們　　　　　　　　146

note 05　三顆種子去向何處　　　　　154

note 06　優雅的毒氣　　　　　　　　162

CHAPTER 4　一起聚集朝向天空

note 01　芳香的森林　　　　　　　　172

note 02　朝向均衡　　　　　　　　　178

note 03　一朵菊花　　　　　　　　　186

note 04　澤八仙花花瓣的祕密　　　　194

note 05　達爾文鍾愛的蘭花　　　　　202

note 06　染紅地球的植物們　　　　　210

CHAPTER 5　森林之心

note 01　從氣孔展現的世界　　　　　220

note 02　根的思維　　　　　　　　　228

note 03　利他性的植物　　　　　　　236

note 04　直到朋友來到我身邊　　　　244

note 05　在名字裡融入尊重　　　　　252

note 06　如果無法再次相遇　　　　　260

note 07　植物之心　　　　　　　　　268

note 08　風前的燈火　　　　　　　　276

參考文獻　　　　　　　　　　　　　284

CHAPTER 1

閃耀的開始

隱藏的
幫手們

大根蘭 *Cymbidium macrorhizon*

它是從腐爛的樹木和葉子中獲取營養的腐生蘭之
一，高度可達十到三十公分，未透過光合作用獲
得營養成分，沒有葉子，只會開二到六朵花。花
朵是淺米色或淡粉色，有紅色的框線。只開白花
的大根蘭，又稱為素心大根蘭，目前被韓國環境
部指定為二級瀕危保護植物。

我曾經在研究北美蘭花的實驗室待過，當時實驗室的負責人丹尼斯・惠根（Dennis Whigham）博士正在研究美國和加拿大最珍貴的蘭花。這種蘭花的學名為「小仙指蘭（*Isotria medeoloides*）」，五片葉子像雨傘一樣展開，其中綠色花朵呈現上升狀，非常獨特。丹尼斯博士在多處原生地種下了裝有蘭花種子的種植袋，觀察其發芽情況，足足花了十五年的時間。雖然沒有比在蘭花生長良好的地方旁邊種下種子更好的繁育條件，但是這些種子之前從未發芽。幸運的是，我在當地的那一年，十五年來首次在其中一個地方發芽。這些蘭花為什麼十五年都沒有動靜，現在才發芽呢？

　　蘭花的種子是植物種子中最袖珍的。它的種子究竟有多小呢？英語中甚至被稱為「粉塵種子（dust

seed）」。因為像粉塵一樣微小，有別於其他植物的種子，蘭花的種子沒有在發芽時會提供營養的胚乳[*]，在它如網狀的薄皮裡只有胚[**]。所以蘭花無法獨自發芽，為了讓種子發芽，也必須配合土壤的溼度、酸度、荷爾蒙的變化等各種條件。甚至即使條件符合，也不會馬上發芽。唯有形成被稱為「原生球體」[***]的凹凸不平的塊狀物，經過一段時間後，才能看到原生球體上冒出的綠芽。想要喚醒這樣長時間休眠的種子，需要多加一些肉眼看不見的協助。埋在地下的「小仙指蘭」的眾多種子中，只有一粒種子在那一年，也就是事隔十五年後，符合了所有條件而萌芽。

蘭花發芽過程中，重要的好幫手是真菌。一提到真菌，就會想起引發病害的負面形象。但是還有穿透無法自行發芽的蘭花種子，提供養分的真菌。甚至在蘭花長成後，還有會滲入根部細胞，為蘭花提供養分和礦物質的真菌，具備這些作用的真菌種類繁多。土壤中以宛如

---

[*]　胚乳：種子中的組織為種子植物發芽而儲存養分。
[**]　胚：在種子內發育，將來成長為新植物體的部位。
[***] 原生球體（Protocom）：蘭花萌芽生根前，胚芽成圓形的細胞團。

線條狀的菌絲形態存在的真菌中，有很多對植物有幫助的真菌。尤其是與蘭花共生的真菌，與和其他植物共生的真菌不同，具有其生態性的特徵。

真菌和蘭花的關係依品種而異，有些是對各種蘭花都有幫助，有些只對某一品種的蘭花有用，還有只在蘭花發芽時才會有幫助的真菌，以及成體後也會繼續有幫助的真菌。同樣地，蘭花根部也有其他種類的真菌一起存活的情況。

另外，還有沒有真菌就無法生存的蘭花，這叫腐生蘭^{****}。它沒有草綠色的葉子，只有花掛在樹幹上，所以幾乎沒有進行光合作用，這種蘭花也可視為依靠真菌生存的寄生植物。

我曾經在韓國全羅南道莞島的某個海岸邊調查過大根蘭這種二級瀕危保護植物的蘭花。它沒有葉子，只有花朵，像蘑菇一樣低垂，呈現特殊形態。我在海岸的山路上第一次見到這種蘭花，因為它沒有草綠色的葉子，

****腐生蘭：過去認為腐生蘭是直接吸收枯枝落葉的養分，但近年來研究顯示是真菌分解枯枝落葉等有機物後，這些腐生蘭再吸收真菌所提供的養分，又稱為真菌異營 (myco-heterotrophy)。

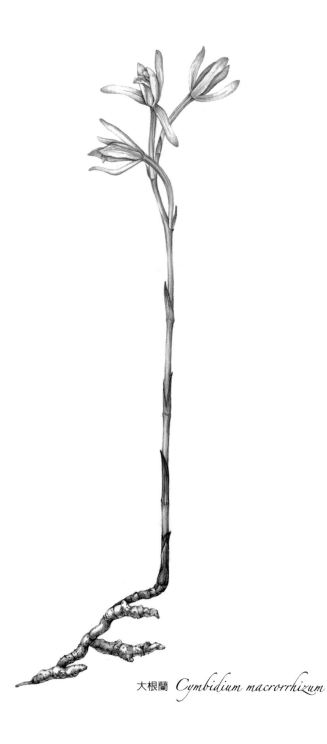

大根蘭 *Cymbidium macrorrhizum*

起初還不知道這是植物。所以為了避免踩到蘭花，我提心吊膽地踩在地面上。

大根蘭沒有在長出葉子上花費精力，而是為了種子繁殖，進化成為只在莖上開花。韓國除了大根蘭以外，還有漢拏天麻（*Gastrodia pubilabiata*）、血紅肉果蘭（*Galeola septen trionalis*）、珊瑚蘭（*Corallorhiza trifida*）等多種腐生蘭。

蘭花和真菌的關係有很多部分仍然蒙著神祕面紗。截至目前為止，還沒有查明蘭花從真菌那裡得到什麼幫助，為什麼維持這種單方面的關係。如果能夠充分地瞭解蘭花和真菌的關係，查明每種蘭花所需的真菌，將對瀕臨滅絕的蘭花復育發揮相當大的作用。韓國共有九種植物被指定為一級瀕危植物，其中有六種是蘭花，包括日本喜普鞋蘭（*Cypripedium japonicum*）、萼脊蘭（*Sedirea japonica*）、竹柏蘭（*Cymbidium*

大根蘭的
花及果實

lancifolium Hook.）、紫點杓蘭（*Cypripedium guttatum*）、
風蘭（*Neofinetia falcata*）、寒蘭（*Cymbidium kanran*）。
這些蘭花瀕臨滅絕的最大原因，雖然是人類的盲目採
集，但也不能忽略環境的變化。蘭花若要發芽生長，土
壤中必須存在許多有助於蘭花生長的真菌，如果地球暖
化或酸雨等而使得土壤的溫度、
溼度、酸度等發生變化，導致
真菌無法正常生長，蘭花的
種子可能永遠無法從漫長的
休眠中醒來。

從發芽到成體，蘭花其實沒
有什麼可以獨自完成的事情，如果
土地、水分、空氣、真菌等任何一
項未能達到最佳狀態，蘭花就無法
發芽。

我們往往為了使某件事情成功
達到目標而努力。而且一旦大功告
成時，很容易認為完全是依靠自己
的努力和能力而完成。然而仔細回
想這些過程，我們身旁肯定有著直

接、間接地給予幫助的人。希望我們能夠憶及這些在我們為了獲得珍貴成果的過程中，無論在明處或是暗處，曾經助我們一臂之力的人。

直到
見光為止

茅毛珍珠菜*Lysimachia mauritiana*

這是生長在東亞海岸和多個島嶼上棲息的
報春花科植物。在韓國生長於濟州島、全
羅南道、慶尚北道等南部地區，在獨島也
曾發現過。每年七至八月開出白花，九至
十月結成褐色果實。果實呈圓形，成熟之
後，末端就會張開長出種子。種子呈現黑
色或黑褐色，表面有網紋。

植物即使是花受精成功並結出種子，其繁殖也尚未結束。由於植物無法移動，所以每棵植物都需要佔據一定的空間，進行光合作以生存下去。想要做到這一點，必須在還是種子的狀態下，就盡可能在間距最遠、最適宜生長的環境中站穩腳跟。傳播種子對植物來說，是實現繁殖此一使命的重要過程。為此，植物會採取自己的策略，其一就是自行播種的推動力。鳳仙花的花語是「不要惹我」，英文名字也叫「touch-me-not」。但是這種花語讓人覺得虛張聲勢，因為很多人可能都像我一樣，記得自己曾經弄破了鳳仙花的果實。

　　成熟的鳳仙花果實，只要輕輕一碰就會馬上破裂，從它的模樣，我們會發現種子的推動力。除了鳳仙花，常見的植物中還有會用驚人的力量將種子吹得老遠的植

茅毛珍珠菜 *Lysimachia mauritiana*

物。

　　若是將經常被當成圍籬用的黃楊木果實分成三塊，它那小而光滑的種子，就會像手榴彈一樣發出「咻咻」的聲音飛走。到了七月，它的種子就會成熟，經過黃楊木圍籬旁邊，就會發現很多小小的種子。所以我每逢七月，就會特意沿著種了黃楊木的圍籬走過去，因為可以看到從灰色人行道上飛出來的黑色黃楊木種子。

　　還有在五月時，紫色的花朵像葡萄串一樣地盛開，夏天形成涼爽樹蔭的紫藤樹的種子，也具有驚人的推進力。它的果實長成褐色時，會發出令人驚訝的巨大聲響，種子則像子彈一樣飛走。我為了觀察紫藤的果實，曾經把它帶回家掛在客廳，聽到像開槍一樣的聲響時嚇了一跳，半夜從臥室裡跑了出來。

　　在二〇一八年，美國加州波莫納學院（Pomona College）研究團隊發現的野生植物種類——毛花蘆莉草（*Ruellia ciliatiflora*），其種子的散播力更是令人驚訝。這種植物光靠小小的果實本身，就能夠把種子散布到七公尺處，甚至最大旋轉速度可達每分鐘十萬RPM（Revolutions Per Minute），這是生物轉速中最快的。

　　我在二〇一四年參與了繪製獨島植物種子學術圖譜

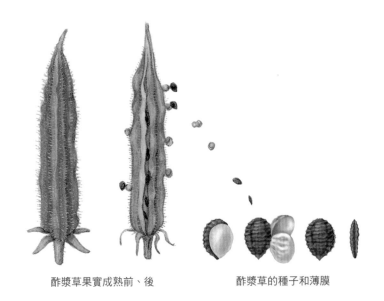

酢漿草果實成熟前、後　　　　酢漿草的種子和薄膜

的專案，當時透過一口氣畫出四十八種植物種子，得以
觀察到種子的各種形態、散布方式及發芽方法。其中，
酢漿草這種植物讓我留下了深刻的印象。酢漿草是我們
在林野或田間經常可見的雜草。這種酢漿草之所以讓人
記憶深刻，是因為它的種子飛揚的方式很獨特。小時候
經常在周遭就可以吃到它酸甜的葉子，或者是把它果實
弄破，玩得很開心。為了畫畫而仔細觀察，這才準確地
瞭解了酢漿草種子卓越的特別原理。

酢漿草果實的種子是由白色透明的薄膜一層層地包覆著。薄膜的樣子長得像一個厚厚的白色口袋，正好能將種子放進去。果實開花時，白色的薄膜會完全翻過來，把裡面的褐色種子推開散播到周圍。這個薄膜帶給種子的推動力比想像中還要強，讓種子最遠能飛到一公尺外。觀察裂開的果實時，可以看到沒有飛走的褐色種子和包裹著種子的白色薄膜。我小時候單純地認為白色薄膜和種子大小差不多，就是尚未熟透的種子。

　　植物有時會用自己的力量來「自行散播」種子，有時則會得到外力的協助。例如像蒲公英的種子一樣，利用毛一樣的冠毛*乘風飛翔，或像楓樹的種子一樣插上翅膀，成為利用風的「風媒散播」。若是生長在水邊，利用水來散播種子的，則稱為「水媒散播」，其中最具代表性的就是航向大海，散播到其他國家的椰子、蓮花和欒樹等。

　　還有以動物為媒介來移動種子的「動物媒散播」。最常見的方法就是長出美味的果實讓動物吃到，然後藉

---

*　　冠毛：菊科植物子房上方沾黏的毛狀突起。

帶著冠毛的
苦苣菜種子

苦苣菜種子聚集
在一起的模樣

此來移動種子。紫羅蘭或白屈菜等植物在種子旁邊形成名為elaiosome的油質體[**]，為了將此部分餵食給幼蟲，螞蟻會將黏有油質體的種子帶回家中，因此種子會散播得更遠。像蒼耳、鬼針草等更加積極的植物，則會在種子上形成鉤子，然後把它黏在動物身上傳播種子。

無法移動的植物散播其種子的方法真是多樣化，想要真正發揮「種子」的無限潛力，需要能夠走出去的推進力。

人類的潛能不也一樣嗎？每個人都具備自己的潛

[**] 油質體（elaiosome）：植物種子或果實上附著的油質成分豐富的塊狀物，具有引誘螞蟻等動物將種子傳播至遠方的作用。它一方面能將植物的種子運到很遠的地方，另一方面也能為螞蟻窩中的幼蟲提供營養，成為其糧食供給源。

能，想要讓這種潛能走出世界，閃閃發光並且成長茁壯，就需要推進力。大家都用什麼樣的推動力來培養自己的潛能呢？

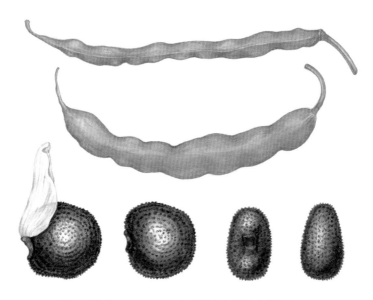

珠果黃菫（*Corydalis speciosa*）的果實和帶著油質體的種子

現在正是
花開時刻

美麗月見草 *Oenothera speciosa*

它有著美麗的粉紅色花朵,在韓國栽種為觀賞用
植物,原產地為北美。美麗月見草的學名中,
*speciosa*的意思是「花朵美麗而優雅」。有別於晚
上開的美麗月見草,白天開花的月見草,又被
稱為白月見草。花期從初夏一直到初秋。

確立了生物分類學的基礎，被稱為「植物學始祖」的瑞典植物學家卡爾·馮·林奈（Carl von Linné，一七〇七至一七七八）曾經記錄了一整天花開花謝的時間，並且建議可以利用這樣的時間來製作花鐘。他曾經用苦菜、櫻桃、西洋蒲公英、白睡蓮等四十六種花開花謝時間不同的花朵製作了花鐘。

　　很多人認為，所有植物都在白天開花，只有月見草等少數植物在晚上開花。但是植物開花的時間和時機絕不單純。仔細觀察花卉的話會發現，一天之中各種植物花開花謝的時間都有所不同。所以，可以按照開花的時間，在圓形的花壇依序種植植物來製作花鐘。後人以「林奈的花鐘」為名，在世界各地的花園或植物園都可以看到這個花鐘。林奈的花鐘不僅有趣，還讓人覺得是

美麗月見草 *Oenothera speciosa*

世界上最浪漫的時鐘。

月見草的花在夜間開花，白天凋謝。但也有一種白天開花，夜晚凋謝的植物，被稱為白月見草。另一種「美麗月見草」的植物雖然不是韓國本土植物，但是它粉紅色的花很美，經常被種植當作觀賞用植物。我與這株開著粉紅色花朵的美麗月見草有著特殊的緣分。因為這是我畫植物插圖時第一次著色的植物。以前為了圖鑑和論文，主要用黑白色進行素描，後來在前輩們的勸說下，第一次將月見草的花朵塗上了顏色，塗上粉紅色花瓣時，那種愛不釋手的感覺，至今記憶猶新。

從名字中可以看出，與我們熟悉的月見草不同，美麗月見草是在白天開花。有別於在月光下盛開的黃色月見草的神祕感，美麗月見草在明亮的白天開花，粉紅色的花朵能夠讓人感受到輕柔的溫暖。

決定一天二十四小時中，何時開花的因素，與傳遞花粉的授粉媒介有著密不可分的關係。有別於蝴蝶和蜜蜂是白天來採花蜜，晚上則是蝙蝠、飛蛾、齧齒類等動物會來採花蜜。

所以白天開花的白月見草以蝴蝶和蜜蜂為授粉媒

雌蕊

雄蕊

花萼

子房

介，晚上開花的月見草則以飛蛾為授粉媒介。植物開花意味著植物的繁殖活動，它們會選擇有利於繁殖活動的時候開花，因此授粉媒介的活動時間或季節與開花時期重疊。當然，基於同樣的原因，風媒花或水媒花會選擇可以好好利用風和水的季節和時間。

瑪格麗特·米耶（Margaret Ursula Mee，一九〇九至一九八八）是英國著名的植物藝術家和環保運動人士。她在一九六〇年以後去亞馬遜探險，留下了很多亞馬遜植物的畫作。當時女性獨自去亞馬遜探險畫畫比現在更難，我在讀碩士班的時候，看了她的畫作而深受感動。為了自行去寮國畫那裡的植物，我曾經努力尋找在寮國生活的方法，最終沒有去成寮國，而是進入了博士班課程。瑪格麗特·米耶雖然不是植物學家，但是卻畫出了植物給植物學家看，透過她的這些畫作，因而首次發現新物種或不知名生態的

情況，也所在多有。

　　象徵瑪格麗特·米耶的著名植物是英文中被稱為「Amazon moonflower」的仙人掌科植物「亞馬遜月光花（*Selenicereus wittii*）」。雖然其他植物分類學家率先發現了該物種，但瑪格麗特·米耶在棲息處觀察該物種時，首次將它畫了出來。據說，她是在該植物晚上開花時，親眼目睹月光下盛開的花朵，用圖畫記錄下來。這種植物在沒有開花的時候附著在其他的樹上，並不是特別顯眼，但是在月光下盛開的白花，真是十分美麗。

　　花開的時間也是相當多種化。開花時間最長和最短的花是什麼呢？花期最長的花是連續一百天都開花的植物，連名字都叫做百日紅。但是百日紅並不是一朵花開一百天，而是一朵花開二十四天左右，但是所有花朵開花和凋謝的時間合起來是一百

白月見草

天，因而得名。

　　相反地，也有些花是開不到一天的，那就是英文名是「Daylily」的萱草。被稱為「Lily」的百合或是百合類的花朵雖然花期有好幾天，但是萱草一如其英文名字，只開一天花。還有一種開花時間比萱草更短的植物，叫做紫露草（*Tradescantia ohiensis*，鴨拓草科）。它的莖末端掛著很多花朵，這些花朵在早晨一朵一朵地開花和凋謝。因此，將一串紫露草的花插在花瓶裡的話，每天早上都可以欣賞到新綻放的花朵。牽牛花和紫茉莉也不是一整天開花，而是只開花幾個小時。

　　即使闔上花瓣，花也不會凋謝。在水上盛開的睡蓮是白天開花，晚上闔上花瓣。熱帶性睡蓮在白天和晚上都盛開著花瓣，但是在韓國常見的睡蓮通常規律地開花三、四次並反覆闔上，也就是花瓣開了幾天後，再闔上幾天，最終花才會凋謝。所以「睡蓮」這個名字是「睡著的蓮花」之意。第一天在雌蕊發達的狀態下開花，然後晚上闔上花瓣，雌蕊凋謝，接著第二天白天在雄蕊發達的狀態下開花。這是同時擁有雌蕊和雄蕊的花，雌蕊和雄蕊的發育時期不同，為了防止自花授粉和提高遺傳多樣性而選擇的開花方法。

雖然有開花植物，也有不開花的植物。紫羅蘭偶爾會成為閉鎖花（Cleistogamous flower）。顧名思義就是不開花，而是把花瓣收攏的花。閉鎖花是紫羅蘭在繁殖環境不合適時所選擇的方法。若要成為閉鎖花的話，必須將自己的花粉沾在雌蕊中，進行自花授粉。當然，與其他個體交換花粉會提高遺傳多樣性，但是透過成為閉鎖花，即使擁有較弱的基因，也要明確地結出種子的選擇。

植物會在適合自己的時節開花，以連接到生命的下一個環節。同樣地，每個人開花的時間都不一樣。有些人可能會來得早，有些人可能會來得晚。重要的是，比起早點開花，我們是否為了在適合自己的時間開花而不斷努力呢？我是指一邊期待著花開的瞬間，也同時努力不懈。

驅動世界
的小粒子

韓國邊山菟葵 *Eranthis byunsanensis*

這是早春二至三月開花的毛茛科植物。韓國
學者在全羅北道的邊山首次發現，並向學界
報告稱其為「邊山菟葵」。看起來像白色花
瓣的是花托，其中有著淡藍色花粉囊的雄蕊
和雌蕊。此外，與雄蕊相混合的黃色或綠色
漏斗形狀結構是帶有蜜腺的變形花瓣。這種
花的結構和較早開花的時期，有利於吸引移
動花粉的授粉媒介。

你知道大麻的莖是製作麻布的材料嗎？大麻通常被稱為「大麻草」，它的葉子和花中含有振奮精神的成分，所以非法種植大麻經常成為問題。二〇一二年植物學家提出了管制非法種植大麻的新方法，就是透過收集空氣中飄浮的花粉，確認是否含有大麻的花粉。這是因為每棵植物的花粉形態不同且獨特。不僅如此，花粉還能飛得很遠，經過很長時間也能完美地保存下來。所以在化石中，也可以觀察到即便小到要用顯微鏡才看得到的花粉顆粒的完整面貌。花粉是植物為了成功傳達基因、繁衍個體而製作的小而完美的粒子。

　　說起花粉，首先會想到的是花粉過敏。但是並非所有植物的花粉都會引起過敏。引發過敏的樹木是春季利用風傳播花粉的松樹、橡樹、杉樹等。我的指導教授中

有一位對橡樹花粉過敏。她笑著說，我是植物學家，但是對花粉過敏，不知為何，她說這些話的表情，看起來有些悲傷。

春天，橡樹類的花粉和松樹花粉一起到處飛來飛去，數量非常多。風媒花不是依靠昆蟲，而是利用風來繁殖，為了提高成功率，會製作很多花粉。想像一下吃著過敏藥，徘徊在充滿過敏誘發物質的山上採集植物的植物學家的模樣，不得不讓人感到悲傷。

有些植物的花粉雖然不會引起過敏，但是幾年前還是讓人害怕，那就是凌霄花的花粉。開滿橘黃色花朵的凌霄花，就像雞冠花和波斯菊一樣，很久以前就在我們身邊，是廣為人知的植物。不知從何時開始，關於凌霄花花粉的謠言開始在韓國傳開，說是凌霄花的花粉進入眼睛就會失明。因此，無論這種花有多麼漂亮，人們都不敢輕易靠近，甚至產生了恐懼心理。

後來，國立植物園針對凌霄花花粉的毒性和形態進行了調查，結果發現凌霄花花粉並沒有毒性，它的表面光滑，不會損傷視網膜。凌霄花的謠傳是在部分文獻中誤記其花粉的形狀有鉤子，可能損傷視網膜，因此以訛傳訛而流傳開來。

根據植物種類，花粉的表面或形態非常多樣化。有些諸如凌霄花般光滑且有網狀花紋，既有尖尖的刺或鉤子，也有些是圓形、三角形、橢圓形等形態。面對這種獨特的花粉，人體偶爾會視其為細菌或毒素等抗原，為了去除它而驅動抗體，因而引發花粉過敏。

　　花粉對植物而言有什麼作用呢？花粉從動物的角度來看，相當於雄性的生殖細胞，具有傳遞遺傳基因的重要任務。花粉形成雙重壁、蠟和蛋白質，以使表面更加堅固，保護內部免於受熱和乾燥，防止基因被破壞。

　　花粉的結構非常精緻，每個品種的大小和形態都不一樣，有些外部花壁上具有獨特的突起或花紋。另外，為了製作花粉管（pollen tube）或調節水分含量，也會形成花壁厚度相對較薄的孔洞或溝渠等結構。花粉管是指花粉飛

花粉的
多種形態

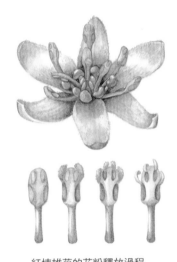

紅楠雄蕊的花粉釋放過程

譯註：紅楠的雄蕊有四個花藥孔，瓣裂〔像花瓣狀開裂的形態〕。

過雌蕊柱頭後，在花粉表面生成的管子。這個管子沿著花柱鑽下去，連接到雌蕊的底部。花粉的精核（精子）發揮與胚珠的卵細胞（卵子）相遇的通道作用。為了讓這種花粉管能夠穿透花粉表面，花粉雙層壁中，就會有厚度較薄的部分。

　　根據不同受精方法，還有結構獨特的植物，例如像松樹一樣在風中飛揚的品種，在花粉上裝了球狀等氣囊，以便飛得更好。

　　另外，像晚生一枝黃花（Giant goldenrod）一樣，受精需要昆蟲的物種，會在花粉上生成黏稠的蛋白質，使其更容易黏附在昆蟲上。部分水生植物為了利用水的流動來移動花粉，會使花粉容易浮在水面上。

　　花粉不僅對植物有影響，對動物和人類也有影響。某些動物，特別是昆蟲，也會吃花粉。它們攝取花粉獲得營養成分，在尋找相同種類的花時，就可轉移身上的

花粉來幫助受精。袖蝶屬（*Heliconius*）品種的蝴蝶則會攝取花粉，然後生成捕食者討厭的化學物質。從花粉中獲取營養的不僅是動物，還有將堆積在泥土上的花粉當作養分的真菌。花粉的特性是數量多、廣泛擴散，因此也被用於病毒和寄生蟲的傳播。

邊山莬葵真正的雄蕊（上）
仿真流蘇般變形的花瓣（下）

　　人類也活用花粉的特性。由於花粉的特性不會隨時間流逝而改變，因此在考古學、古生物學、法醫學等方面都是有用的資料。英國一個名為「Fighting Crime」的科學家團隊中，就有為了辨別開槍者，而在子彈上使用花粉的例子。

韓國邊山菟葵 *Eranthis byunsanensis*

子彈發射後，使用者的指紋和基因會從子彈中消失，因此很難鑑定。但是，在子彈塗上花粉，即使發射子彈，保存好固有形態的花粉，也可以成為追蹤開槍犯罪者的有效線索。

佛甲草（섬기린초，韓文漢字為麒麟草，景矢科佛甲草屬〔Sedum〕）的花粉散放前後花粉囊的差異

法醫學則將花粉用於推測犯罪發生的時間和位置。這是指用顯微鏡觀察鞋子、衣服、地毯等殘留的花粉，查明植物種類，具體推測花粉所在之特定場所的方法。最近還出現了從花粉中提取基因，準確區分植物種類的花粉DNA條碼技術，預計利用花粉特性的道路將更加寬廣。

花粉雖然小到肉眼看不見的程度，但為了達成本身的任務，會堅持和完美地準備。哪怕是件小事，為了完成任務，只要細心而完美地準備，小事積累起來，不就能取得重大成果嗎？就像肉眼看不見的小花粉會結出種子，還會長成一棵植物一樣。

蕨菜的
四億年

全緣貫眾蕨 *Cyrtomium falcatum*

生長在溼度高、溫暖的韓國南部及中部海岸的石縫中，為高度達三十至五十公分的常青多年生草本觀賞用植物。葉片正面具有堅硬皮質及深綠、有光澤，葉片背面分布孢子囊群。

如果餐桌上沒有蕨菜的話，我會感到很遺憾。蕨菜是我在國外一定會想起的食物之一。外國人，尤其是西方人，認為把蕨菜放入拌飯或牛肉湯中，或是當作野菜來吃，是非常獨特而神奇的食材。西方人不僅不吃蕨菜，而且以有毒為由也不餵牲畜吃。但是韓國人透過烘乾、泡開、拌炒的傳統烹調過程，去除其毒性之後來攝取蕨菜。

　　我想起有一年春天去拜訪英國皇家植物園時聽到的有趣故事。從倫敦市中心到皇家植物園的話，搭地鐵要走很遠的路。離開複雜的市中心街道後，地鐵會經過地上區間，這時車窗外可以看到許多古橋。

　　我到達植物園後，告訴英國植物學家在路上看到了很多長得像韓國蕨菜的植物。英國植物學家說，不僅

全緣貫眾蕨 *Cyrtomium falcatum*

是鐵路周邊，植物園附近的公園裡也長著蕨菜，每到春天，有很多亞洲人都會來拔蕨菜。據說不太瞭解亞洲飲食習慣的英國人，非常好奇亞洲人把蕨菜用在哪裡。

如此般，我們熟悉的蕨菜在植物學中被稱為「活化石」。因為它與其他陸地植物相比，在地球上生存了很長時間。蕨菜遠比人類更早出現在地球上，看電影《侏羅紀公園》時，會發現很多與恐龍一起出現的蕨菜。蕨菜出現在古生代，然後在中生代的侏羅紀與恐龍一起繁衍，恐龍消失後，蕨菜至今仍自主地存活下來。蕨菜究竟有著什麼能力，才能在地球上長長久久地繁衍下來呢？

全緣貫眾蕨棲息處

蕨菜也被稱為「蕨類植物」。蕨類植物是指用孢子代替花朵繁殖，同時擁有導管和篩管的植物。在羊齒類

聚集在一起的
全緣貫眾蕨孢子囊

孢子囊及孢子

植物這個大分類群裡，也包括我們經常會想到的蕨菜。除此之外，還包括紫萁目、木賊目、桫欏目等。

有趣的是，植物學的名字中，還有一個叫「蕨（*Pteridium aquilinum* var. latiusculum）」的品種。這就是我們當作料理吃的植物，也就是蕨菜。由於該物種廣泛分布於全球北半球溫帶和亞熱帶地區，因此不論在倫敦或美國採集到的蕨菜，雖然都有一些變種，但都算是同一品種。

蕨類植物棲息在陸地上的各種角落。不論熱帶或寒帶，高山或溼地，都能夠加以適應而扎根。蕨類植物之所以能夠適應地球並且廣泛生存，與植物的進化過程有很大的關係。簡單來說，植物就是行光合作用的生物，最初生活在水中，後來回到地面適應了環境而進化。

所以生在水裡的海帶或綠球藻（*Chlorella*）等藻類[*]，或是長在水邊的蘚苔類[**]，也包括在植物之中。蕨菜是這種藻類和蘚苔類之後出現的植物群。有別於藻類和蘚苔類，蕨類植物脫離了水，成功地適應了地面，開啟了植物的新時代。

雖然說來容易，但是水中和陸地是截然不同的環境。這跟生活在陸地上的人類，開始在水裡生活沒什麼兩樣。蕨類植物為了在陸地生存下來，經歷了很大的變化。在陸地上很難獲得卵子和精子受精所需要的水，因為強烈的陽光，水分也很容易被搶走。在水裡的時候，透過水全身很容易吸收養分，但在陸地上卻不能如此。為了適應這種環境，蕨類植物保護了表面，發展出只有在必要時交換氣體的小孔，即氣孔。另外，開始長出導管和篩管，即維管束，來輸送水和養分。維管束還發揮了穩固支撐植物莖的作用，使蕨類植物能夠長得高大。

最初的樹就這樣誕生了。就像鋪了絨毯似的，在低矮的草地上出現了高個子的植物。因為個子愈高，愈能

---

[*]　藻類：大部分生活在水中，沒有演化出陸地植物所擁有的氣孔、維管束等細胞和組織，而是由孢子繁殖。

[**]　蘚苔類：最早適應陸地生活的植物群，經常被稱為苔蘚植物。

有孢子的全緣貫眾蕨的葉子背面

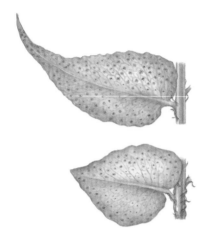

吸收陽光，所以樹木在陽光的競爭中，比草更佔優勢，壽命也更長。

最早的樹木出現在古生代石炭紀，是目前已經滅絕的瓦蒂薩屬（*Wattieza*）的蕨菜。最初的樹木就是蕨菜，這一點非常神奇。

現在還有很多樹蕨。屬於樹蕨的植物從遠處看就像椰子樹一樣。但是，若是看到中間冒出捲起狀的蕨菜，或看到不開花而是孢子飛舞的樣子，就可以確認這是不折不扣的蕨菜。大型蕨菜的高度超過十公尺。蕨菜之後，地球上出現的植物是開花結果的顯花植物，而不是孢子植物。但是直到顯花植物繁盛的現在，蕨菜仍然具有原始的特徵，也相當能適應環境，與顯花植物互相搭配，存活了下來。

看著蕨菜，我們可以思考一下適應新變化的方法為何。即使是翻天覆地的環境變化，也需要相應的創新性自我改變能力。此外，是不是需要既能保有傳統又能與

新事物相協調的智慧及韌性呢？也許這就是活在地球比人類更久遠的蕨菜，告訴我們的長壽祕訣吧！

落到大地的葉子

四照花 *Cornus kousa*

這是生長在韓國京畿道以南的落葉闊葉樹。秋天結出長得像紅草莓的果實，被稱為野草莓，成熟的果實可以生吃。每逢六月小花齊聚，其下裏著四個白色大花苞，看起來像是有著四個花瓣的一朵花。為了觀賞它的紅色果實及秋天的紅葉，也被當成庭院樹來種植。

晚秋時節，我憶及美國作家歐・亨利（O.Henry，
一八六二至一九一〇）的短篇小說《最後一片葉子》
（The Last leaf）而突發奇想。雖然這本《最後一片葉
子》很有名，但是鮮少有人記得它的內容所指的葉子是
什麼植物。因為是有名的小說，所以最後的葉子形象是
用各種圖片和照片製作而成。雖然是以不同的植物來呈
現作為最後的葉子，然而小說中的植物其實是爬牆虎。
覆蓋建築物和圍牆的爬牆虎，它的樹葉在秋天會變紅後
掉落。

　　生病的少女以為無名畫家畫在牆上的葉子，是到最
後都沒有掉落的樹葉，因此振作精神。可惜的是，那位
畫家卻在暴風雨中畫畫時得了肺炎而先離開人世。

　　大家看到落葉會作何感想呢？有沒有像少女一樣，

想起人生的盡頭？不過，對於植物來說，落葉並不是終點。

小學一年級的時候，我曾經在星期天獨自去了平日不想去的學校。這是為了觀賞黃色銀杏樹葉同時掉落的情景。運動場上長成一列的銀杏樹，一天天地漸漸被染成黃色，葉子就快要掉下來了。眼看著星期天晚上的風愈來愈大，我便趕緊跑到學校去了。以晚霞為背景，我獨自看著銀杏樹葉掉落的壯觀景象，當時沒有一起觀賞的人，真是令人惋惜。

確切地說，落葉不是草，而是從樹上掉下來的葉子。我們經常想起如同橡樹一樣，葉子相當寬闊，一到秋天就簌簌掉落的闊葉樹的葉子。但是像松樹一樣，樹葉像針一樣的針葉樹，或是像山茶樹一樣，一年四季都是綠色的常綠樹，也都會有落葉。有別於秋天落葉繽紛的闊葉樹，針葉樹和常綠樹一年四季都只有會一點點落葉。

在天氣變冷，陽光變少的秋冬季節，樹木會選擇是要帶著樹葉還是任其掉落。天氣變冷的話，植物的水分很多，所以很容易結冰。而且冬天不僅寒冷，還非常乾燥。

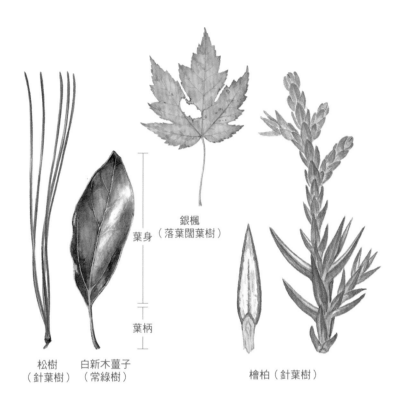

松樹
（針葉樹）　白新木薑子
（常綠樹）

葉身
銀楓
（落葉闊葉樹）

葉柄

檜柏（針葉樹）

　　透過大面積的葉子容易失去水分。最終，由於陽光減少，樹木會權衡一下，是要維持行光合作用的葉子的能量，還是透過陽光產生的能量。落葉闊葉樹和常綠樹在這個問題上，做出了不同的選擇。

秋天拾起落葉，就能看到葉身有葉柄。從一片樹葉來看，相對於巨大的葉身面積，葉柄相當纖細。即使看起來很脆弱，但是為了春夏兩季的漫長時間都能夠牢牢地長在樹上，設計得十分結實。植物細胞用一種叫做果膠質*的黏合劑，緊緊地黏在一起。落葉凋零時，葉柄末端和樹枝之間的這種黏合劑會減少，細胞也會發生變化。

葉子分離的位置叫做「脫離帶」，這部分又分為保護層和分離層。葉子掉落的時候，分離層的細胞會逐漸變得脆弱而分離。但是葉子掉落後，它的位置就像受傷一樣暴露在外。因此，外部的細菌或真菌很容易侵入樹木裡面。為了防止這種情況發生，在分離層之下會建立保護層，以使細胞變得堅固。樹葉掉落之後，那部分就會像樹皮一樣堅硬地保護著樹木。

另外，在葉子掉落的過程中，乙烯**和離層素***等植物激素也會發揮作用。

---

* 　果膠質（pectic substances）：碳水化合物複合體，存在於水果或蔬菜類的細胞膜或細胞膜之間的薄層中，具有膠質性。

** 　乙烯（ethylene）：以氣製成的植物激素，少量存在於植物組織中，誘導或調節成熟、開花、葉片脫落等。

*** 離層素（abscisic acid）：調節誘導種子休眠、抑制發芽、在乾旱等不利環境中抑制生長、關閉氣孔等功能。

尤其乙烯是植物的老化荷爾蒙，在古代中國，早已被活用於水果成熟期。例如，將未成熟的青果和含有大量乙烯的熟成水果，或是會大量生成乙烯的蘋果、桃子、香蕉等水果放在一起，青果很快就會成熟。最近，農民們為了發酵水果，也會使用乙烯。但是乙烯的另一個作用是製造能夠弱化「脫離帶」黏合能力的酵素。離層素是植物生長環境不好時，為了不讓種子發芽而誘導休眠的荷爾蒙，具有抑制細胞分裂的功能，一到冬天就會發揮減緩生長速度的作用。

　　植物能感知到陽光減少和天氣變冷，進而改變荷爾蒙來減少樹葉，創造有利於自身生長的條件。反過來說，落葉闊葉樹如果一直放在光線強、溫度暖和的室內，意味著沒有荷爾蒙變化，一年四季都不會落葉。

　　樹葉掉落後，會留下痕跡，這就是葉痕。仔細觀察葉痕的話，會發現它看起來就像特殊的圖案、可愛的動物、笑著或哭著的人臉一樣。

　　有些植物愛好者對此非常感興趣，只收集葉痕照片。葉痕上的花紋其實是「維管束痕（bundle scar）」，

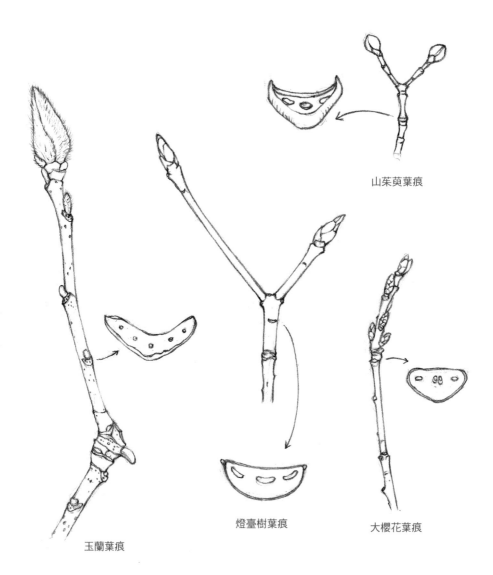

山茱萸葉痕

玉蘭葉痕

燈臺樹葉痕

大櫻花葉痕

就是移動水分和養分的導管和篩管，也就是維管束的痕跡。這種葉痕的形狀因植物種類不同而異，因此可以根據葉痕推測是什麼種類的樹木。

葉痕上面大概會有冬芽。冬芽在夏天和秋天形成，在冬天發芽。冬芽中會有將於明年綻放的小花和葉子，為了防止冬天的寒冷和乾燥，由各種鱗狀的葉子層層包裹著。利用漿液或鱗毛打造更加堅固的保護膜。冬芽的形狀和顏色多樣，像葉痕一樣是區分樹木的重要特徵。另外，由於花芽和葉芽的形態不同，所以可以知道明年哪裡開花、哪裡長葉子，山茱萸就是代表性的植物。

切下冬芽來觀察，就能發現明年春天將要綻放的花朵已經堅固地做出雄蕊、雌蕊和花瓣，等待著春天的到來。

秋去冬來，我們面對落下的葉子，回顧過去的一年，想說今年一整年都過去了。掛在樹枝上，製作植物所需的養分，讓植物呼吸的葉子最終會掉落，但這並不是結束，而是培育新葉子的另一個使命的開始。雖然在市中心會清掃掉落的樹葉，但是在大自然中，落葉會長時間堆積在樹根附近，然後慢慢腐爛。迎著凜冽的寒風

四照花 *Cornus kousa*

和冰冷的白雪，落葉變成肥料，成為讓樹木復活的養
分。

　　人應該也一樣吧？我們以為結束的瞬間，會成為另
一個開始，希望大家能夠牢記這個事實。

CHAPTER 2

獨自站在
原野之上

漂泊在水上的勇氣

紫萍 *Spirodela polyrhiza*

這是漂浮在水田或蓮花池上的浮游植物。看起來像葉子的部分，是沒有分化成葉子和莖的葉狀體，中間的部分有數條根潛入水中。夏天花開得很少，秋天果實成熟。主要在現有葉狀體旁邊長出新的葉狀體以快速繁殖，冬芽會沉入水中，到了春天再浮起後重新繁殖。

俗話說「浮萍般的人生」，用來比喻流離失所的身世或人生，經常出現在古老的流行歌曲中。浮萍是「浮在水面上的萍草」之意，正式名稱叫做紫萍。當我知道浮萍是紫萍的另一個名字時，感到十分驚訝。因為我們無法認同紫萍是意味著無處可歸、毫無準備就漂泊的植物。紫萍是水生植物中最袖珍的植物，但是生活方式非常獨特而務實。如果知道紫萍是用多麼特別的方法生活，就會覺得像浮萍一樣的人生也不錯。

從植物演化的過程來看，生活在水中的藻類逐漸向陸地移動，進化成了我們常見的陸地植物。

但是像紫萍這樣的水生植物則有所不同，這是陸地植物重新進入水中適應的案例。水生植物根據生存

形態分為挺水植物（emergent hydrophytes）、浮葉植物（floating-leaved hydrophytes）、沉水植物（submerged plant）、浮游植物（free-floating hydrophytes）。挺水植物是像許多生長在池塘邊的水草一樣，扎根於水邊，葉子和莖等大部分在空氣中的植物；浮葉植物是像睡蓮一樣落地生根，在水面浮起葉子的植物；沉水植物則是像藻類一樣完全浸泡在水中的植物；至於像紫萍一樣自由漂浮的植物，稱之為浮游植物。

浮游植物不會落地生根，容易被水沖翻，但是紫萍連這部分都善於適應。雖然看起來只是一個小圓盤，不過放大仔細觀察的話，可以看出它是由愈靠邊緣就愈薄的葉狀體*結構所組成，因此能夠妥善地利用水的表面張力，穩定地附著在水面生活。葉狀體就是我們認為是葉子的紫萍本身。紫萍沒有莖和葉子，而是由沒有完全分化的葉狀體構成。整體上宛如海綿般輕薄，加入空氣的葉狀體利用浮力可有效漂浮在水面上。

葉狀體與水面相接的背面中間部分，長著伸向水中的長根，厚厚的像帽子一樣的根部骨幹包覆著它的末

---

* 葉狀體：全身長成葉狀，外表平整，具有像葉子般功能的器官。

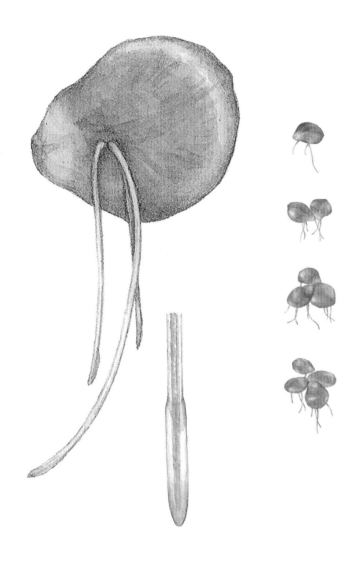

紫萍 *Spirodela polyrhiza*

端，它能像重量錘一樣發揮維持平衡的作用，使紫萍不會翻過來。

另外，紫萍的表面具有補救陸地植物和藻類的優缺點等多種功能。一般來說，陸地植物很難取得水分，藻類很難得到陽光。紫萍漂浮在水面上，取得水分和空氣都很有效率。為了有效進行光合作用，與空氣接觸的葉狀體上部不沾水，保持光滑狀態。同時，為了讓空氣可以進出，經常會打開氣孔以排出水分。與水面相連接的葉狀體背面，是容易黏水的材質，因此紫萍可以在水面上穩定漂浮。

我為了觀察紫萍的花，曾經有一年期間經常去長著紫萍的溼地。可能有人會想：「紫萍也會開花嗎？」紫萍在夏季會在小葉之間盛開著看不見的微小花朵。既然會開花，當然也會結出種子。但是，我們很難看到紫萍花的原因，除了因為它實在太小之外，主要也是它開花的情況並不多見。

紫萍主要透過增加葉狀體數量的方式快速繁殖。仔細觀察紫萍的話，會發現有的是葉狀體只有一個，也有的是好幾個黏在一起的。這是一種繁殖過程，就像從莖

中發芽一樣，在現有葉狀體旁邊長出其他葉狀體進行繁殖，長出四、五個左右之後，再切斷相互連接的根鬚以增加個體。

這樣鋪滿池塘的紫萍，一到冬天就會像沒發生過一樣的突然消失。是死了嗎？當然不是。到了冬天，像種子般的冬芽會進入冬眠，此時紫萍可以增加體內的澱粉，提高密度以去除空氣，然後沉入水中，貼近水底過冬。在不需要光合作用的情況下，讓種子不會結冰地過冬，春天來了又浮起來開始行光合作用。但是到了夏天，水面上就會重新充滿綠色。它的繁殖速度有多快呢？一個葉狀體變成兩個葉狀體只需不到三十小時，這是開花速度最快的植物。

紫萍

紫萍的這種生存能力，在二〇一四年它的基因組被揭露後，某種程度上解開了謎團。它的形態和生活史非常特殊，基因組與其他植物也明顯不同。首先，製造蛋白質的基因數量少，基因組的大小是單子葉植物中最小的。

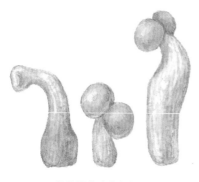

紫萍雌蕊（左）和
長度不同的兩個雄蕊

紫萍的基因可以防止形成葉子和莖，並形成簡單結構的葉狀體，從而節約能源。而且比起以開花來耗用能量，紫萍是用葉狀體增加其數量以快速繁殖。為此，紫萍以能夠簡單快速分解使用的澱粉形態來儲存高能量。

紫萍擁有在其他植物看不到的爆發性繁殖能力、小而簡單的結構、獨特的生活方式，為我們提供了許多可能性。目前紫萍正成為改善未來動物飼料、水質污染或減少二氧化碳的替代品。紫萍的快速生長和高蛋白含量，已被運用作魚類或家禽類的飼料，這種嘗試也適用於其他家畜飼料。另外，一種從紫萍開發出來的生物乙醇也被當作燃料使用，而其水質淨化能力高，也被用作環保、經濟的生物淨化劑。

紫萍不分化成葉子和莖，以小而簡單的形態漂浮於水面，選擇了與固定在地上的其他植物截然不同的生活方式。它的生命被設計成無力地隨波逐流的形態，在

植物世界裡很多方面也不一般。看到紫萍，我們開始思考，選擇完全不同的新生活方式的挑戰。如果要選擇新的道路、新的生活而不是別人選擇的道路，需要很多勇氣和努力。但是，這麼一來也能獲得別人無法體會的新經驗。所以像浮萍一樣的人生，不也是相當有價值的人生嗎？

這樣的地方，也有草綠色！

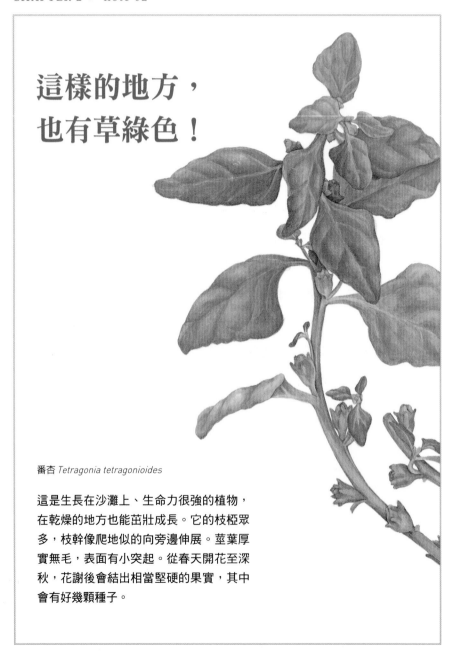

番杏 *Tetragonia tetragonioides*

這是生長在沙灘上、生命力很強的植物，在乾燥的地方也能茁壯成長。它的枝椏眾多，枝幹像爬地似的向旁邊伸展。莖葉厚實無毛，表面有小突起。從春天開花至深秋，花謝後會結出相當堅硬的果實，其中會有好幾顆種子。

在美國西部電影中，經常出現不法之徒展開決鬥的場面。在決鬥之前，誰都不會先拔槍，只有緊張感的場面橫穿而過，塵土和雜草堆則隨風滾動。但是大家有沒有好奇「這雜草堆是什麼植物呢」？人們很容易認為這是稻草或死去的植物被大風吹亂了，然而，事實上這是生活在乾燥的西部地區的植物自身的生存方式。屬於豆科、菊花科、百合科等的植物，都會這樣滾動，被稱為「風滾草（tumbleweed）」。風滾草成熟結出果實後，從根部或莖部分離，在乾燥狀態下徘徊在街道上。然後下雨淋溼的話，就會瞬間在那個地方扎根，這是適應乾涸曠野的植物的智慧。

對植物來說，極限環境之一是鹽分濃度高的海邊和沙灘。那裡有用自己的方式克服鹽分引起的滲透壓

番杏葉的表面突起

番杏 *Tetragonia tetragonioides*

和海風的植物。在韓國海邊沙地上常見的番杏是生長在海邊的植物，它的葉子厚實，被看似像水滴一樣的小石子覆蓋著。黃花盛開後結出的果實熟透後非常堅硬，其中保護著多顆種子。紐西蘭毛利族從很久以前就開始吃番杏，英語中被稱為「紐西蘭菠菜（New Zealand Spinach）」。在韓國漁村用番杏製作野菜或泡菜食用。我經常在海邊見到番杏，特別是長期觀察在獨島看到的番杏，還留下了畫作。但總是只讀到有關它的生態和形態的文獻，沒有想過要品嘗它，所以很後悔。畫完畫後偶然看到多種番杏料理，包括油炸食品、湯和沙拉等。我還沒嘗過番杏的味道，所以很好奇。

還有些植物是生長在沙灘中央，而不是海邊。這些植物被稱為「鹽生植物」。在經過仁川廣域市永宗大橋時，應該曾見過被泥灘染紅的低矮植物。這是一種叫做「鹽角草（*Salicornia*

番杏花

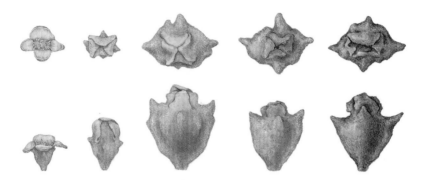

番杏花變成果實的過程

europaea）」的鹽生植物。此外，鹼蓬、無翅豬毛菜、裸
花鹼蓬、七面草（又稱日本鹼蓬〔*Suaeda japonica*〕）等
多種植物，都在沙灘上靠海水生存。

　　為了在鹽分多的環境中生存，最重要的是降低鹽分
濃度。鹽生植物為了儲存更多的水分，乾脆擁有胖嘟嘟
的多肉性*枝幹，有時還會使用在「鹽腺（salt gland）」
組織中吸取鹽分後，再將鹽分甩掉的方法。另一種方法
是為了不流失水分，提高體內滲透壓濃度至比海水還

---

*　　多肉性：水分多，葉、莖或根部儲存水分的功能發達之厚實性質。

高。不是像鉀、鈉一樣，而是提高其他無機物的濃度以鎖住水分。

　　在植物難以生存的地方中，不能遺漏地球上最寒冷的兩個地方——南極和北極。在這兩個地方之中，哪個地方植物比較多呢？南極和北極雖然彼此相反，但因為是極地，所以很容易認為生存的植物數量差不多。但是北極大約有一千七百種多樣的植物，而南極只有兩種，一種是屬於禾本科髮草屬植物的南極髮草（*Deschampsia antarctica*），另一種是石竹科植物的南極漆姑草（*Colobanthus quitensis*）。理由是北極周圍雖然有陸地，但大部分都是冰凍的大海，而南極是陸地，而陸地的溫度遠低於大海，因此，在植物生存方面，南極環境更為嚴酷。這裡的植物為了抵禦寒冷，有著比其他地區植物更快速的生活模式。天氣變暖和的話，就會瞬間完成發芽開花結果的所有過程。如果當年太冷，沒有達到適宜生長的溫度的話，就會堅持一年，約定隔年結果。甚至還省略了開花結果的過程，採取以只靠根部繁殖的無性生殖方式。

　　高溫和高溼是植物生存的有利因素。然而，若是

溫度高，但溼度很低，情況就會變得不同。體內水分比例高的植物，將難以忍受像沙漠般溫度高、水分不足的環境。在沙漠中的植物為了生存，有些擁有像相思樹一樣便於吸收水的寬闊、密密麻麻的根部，有些則像仙人掌科或景天科（Crassulaceae）植物一樣，使身體變得豐盈。同時，為了減少身體表面積，它們不會大量製造寬闊的葉子，並且將交換二氧化碳和氧氣的氣孔藏在深處，或是只在晚上打開，藉此防止水分流失。因為換氣而打開氣孔時，水分也會一起流失。它們也會在葉子上發展出「植物蠟（wax）」，既能避免水分流失，又能製造濃密的絨毛以反射陽光。

另外，還有反過來利用乾燥氣候存活下來的植物。被稱為「帝王花（King protea）」的南非國花——國王海神花（*Protea cynaroides*）就是其中之一。非洲草原的夏季乾燥，容易發生因閃電或摩擦引起的森林火災。一旦發生山火，大部分植物就會死亡。但是，對於包括帝王花在內的海神花屬植物來說，這是生育下一代的重要機會。因為山火導致厚厚的種子和莖部的表皮燒焦，然後就會發芽而長出新枝。

觀察植物的世界，經常會驚奇地問道：「這種地方

也有植物生長嗎？」雖然植物不會說話，但是卻能在艱難的環境中，找出明智的生存方法，真是太神奇了。大家都是以什麼方式來克服困難的狀況和環境呢？面對惡劣的環境，讓我們從有時快速、有時果斷、有時科學地找到生存方法的植物身上，汲取生活的智慧吧！

樹的盔甲

海濱木薑子 *Litsea japonica*

這是生長在海邊的常綠樹木。生長在包括濟州島在內的韓國南部地區，尤其耐鹽和海風，因此在濟州島主要種植當作林蔭樹和防風林。樹皮呈棕色，枝小而粗，葉子上長毛，正面皮質無毛，背面密布褐毛。

美國加州的白山山脈生長著地球上現存植物中最年長的植物。它是松樹的一種，學名叫刺果松（*Pinus longaeva*），綽號為「瑪土撒拉（Methuselah）」。正如以聖經中活到九百六十九歲而被視為最長壽人物——諾亞的爺爺之名來命名的外號一樣，推測這棵樹的樹齡足足有五千零六十八歲。除了它之外，按照年齡序來排列植物的話，屬於老人的植物大部分都是樹木。

　　陸地植物大致上區分為草和樹。草一到冬天就會枯萎，即使是多年生草本，一到冬天，地下的根會生存下來，但是地上的部分就會消失。樹木在地上則有堅實的樹幹，會持續生長。最重要的是，樹木和草不同，在嚴酷的環境中也能長出枝幹，擁有厚厚的盔甲。讓我們來

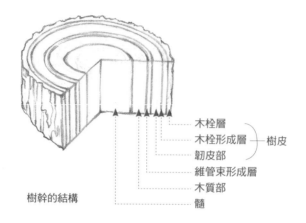

木栓層
木栓形成層 ┐ 樹皮
韌皮部
維管束形成層
木質部
髓

樹幹的結構

談談讓樹木能夠堅持數千年的盔甲——樹皮*吧！

　　大家應該聽說過，在青黃不接的飢餓時期，會剝開松樹皮用來煮松脂粥。最近也有利用松樹皮製作松脂糕。我們通常把樹的外層稱為「樹皮」，但從植物學來看，並不是那麼簡單。那麼松樹皮，亦即它被稱為樹皮的部分，是從哪裡到哪裡呢？

　　在植物的莖中，有從根部輸送水分和養分的導管，以及輸送在葉子上生成的養分的篩管。它們分別位於莖

---

*　樹皮：樹幹的外層組織，比樹幹形成層更貼近外部環境。

內環狀圓圈形成的形成層內側和外側。樹幹的內側有很多木質部，與最中心的髓[**]一起，被我們當作木材的部分。形成層外側有韌皮部，外面的木栓形成層和木栓層按照順序排列，這個部分統稱為樹木表皮，即樹皮。可以做成粥或年糕的松脂，相當於將硬邦邦的木栓層和木栓形成層剝離後就能看到的內側韌皮部。所以過度採摘松脂時，也會成為松樹枯死嚴重的原因。沒有保護樹木的木栓層，沒有輸送養分的韌皮部的樹木，唯有死亡一途。

樹幹摸起來相當堅硬。但是這麼硬的話，樹木長大會不會有問題呢？如果塊頭變大，當然也要換盔甲，但是要換掉這麼堅硬的盔甲是不可能的。因此，每一種樹木都會以不同的方式換上樹皮。得益於此，我們可以看到各種顏色和形態的樹皮脫落的樣子。例如白樺的樹皮以橫向薄片狀剝落，另外也有像栓皮櫟樹一樣縱向分叉深的樹皮，也有像懸鈴木一樣掉落成斑紋狀的樹皮。

我喜歡的樹皮是白皮松和紫薇樹。偶爾去昌慶宮散

[**]　髓：在莖內成冠狀排列，圍繞維管束的內管部分，透過輻射組織與外皮層相連。

步，看看在宮內生長的巨大白皮松。一如其名，白色樹幹上斑駁的花紋非常獨特而美麗。有別於白皮松，紫薇樹擁有非常光滑而優雅的樹皮。國中時，我在青少年科學雜誌上看到「幫紫薇樹皮撓撓癢，樹枝就會晃動」的文章後，在朋友們面前認真地撓了撓紫薇樹皮，結果被嘲笑了一番。雖然不知道是被風吹而在搖，還是真的怕癢，但是看到朋友撓著紫薇樹皮的樣子應該很可笑吧！

樹皮的共同特徵是堅韌的材質，因為要防止外部衝擊或昆蟲入侵，以避免疾病、防範火災或水分流失。這對於樹木來說，相當於是阻擋外部環境的最前線。隨著樹幹體積的生長，原有的木栓層會脫落，其下的木栓形成層

檀香樹皮

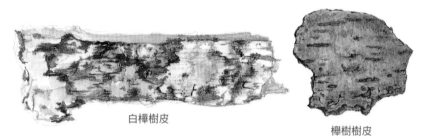

白樺樹皮

櫸樹樹皮

會形成新的木栓層。木栓層細胞是死去的細胞，可以宛如鎧甲般地保護樹上活著的細胞。這樣結實的樹皮可以用於製作繩索、鞋子、蓋子、紅酒塞、紙張、屋頂等。

樹皮不僅在實體上長得相當結實，在化學上也具有保護樹木的功能。它會製造出樹蠟或樹脂，發揮防水的作用，還可以製造單寧（tannin）或木質素（lignin）等化學成分，發揮防腐劑的作用。另外，樹皮還能防止細菌和微生物的繁殖，防止樹幹分解。生活在亞馬遜雨林的一種名為「*Calycophyllum spruceanum*」的原生樹種，英文名字叫做「裸樹（Naked tree）」「禿樹（Bare tree）」。一如其名，它一年會有一、兩次像脫盔甲一樣地完全脫去樹皮。原住民撿起剝落的樹皮來做生活用品，還當作建造房屋用的材料。另外，還可以利用樹皮的化學特性，作為治療皮膚炎或眼球感染的藥物使用。

我們作為止痛劑或退燒劑使用的阿斯匹靈（aspirin）和抗瘧疾藥的奎寧（quinine）中也含有源自樹皮的成分。分別從楊柳科（Salicaceae）和金雞納樹屬（*Cinchona*）的樹皮中提取成分。得益於樹木為了保護自身免受細菌、微生物和細菌的侵擾，而從樹皮中生產

海濱木薑子 *Litsea japonica*

的多種化學物質，人類也因此獲得了保護。

　　傻傻地待在同一個地方忍受一切，活了五千年的樹，應該經歷了很多的環境變化。洪水、乾旱、地震等多種環境的變化，以及病毒、細菌、真菌等外部入侵也從未間斷過。但是，樹木有著堅硬的盔甲，能夠承受這一切。或許相較於樹木，我們是無比脆弱的人，會有什麼樣的盔甲呢？還要準備什麼樣的盔甲呢？看看樹木，思考一下自己所擁有的最棒盔甲是什麼吧！

倖存下來
的歷史

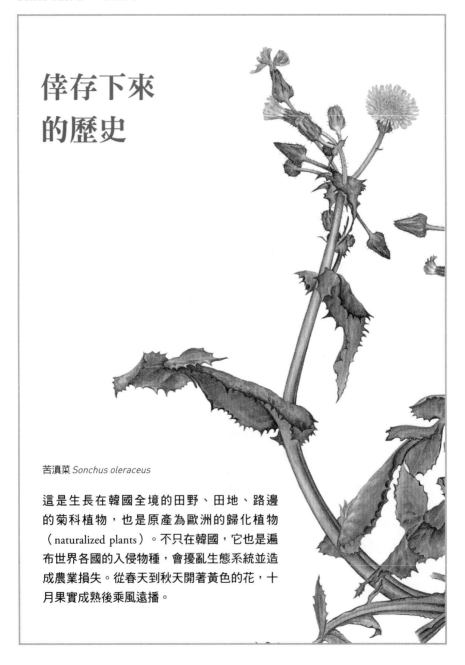

苦滇菜 *Sonchus oleraceus*

這是生長在韓國全境的田野、田地、路邊
的菊科植物，也是原產為歐洲的歸化植物
（naturalized plants）。不只在韓國，它也是遍
布世界各國的入侵物種，會擾亂生態系統並造
成農業損失。從春天到秋天開著黃色的花，十
月果實成熟後乘風遠播。

形成粉紅色花田的紫雲英（*Astragalus sinicus*）、隨處可見的白三葉草（*Trifolium repens*）、在黑暗的夜裡開花後，自然會叫得出名字的月見草、春天開出醒目藍色花朵的阿拉伯婆婆納（*Veronica persica*）、盛開著金黃般小花的一年蓬（*Erigeron annuus*）、名字可愛的苦菜、鄉村孩子們的零食龍葵（*Solanum nigrum*）、密密麻麻地黏著小果實的獨行菜（*Lepidium apetalum*）、長得像雨傘一樣，可以玩製傘遊戲的升馬唐（*Digitaria ciliaris*）……

　　但是，你知道這些植物都是外來物種嗎？這些植物從中國、歐洲、非洲、北美、南美、西亞等遙遠而多樣的故鄉來到韓國。這種植物叫做歸化植物，意指

龍葵果實

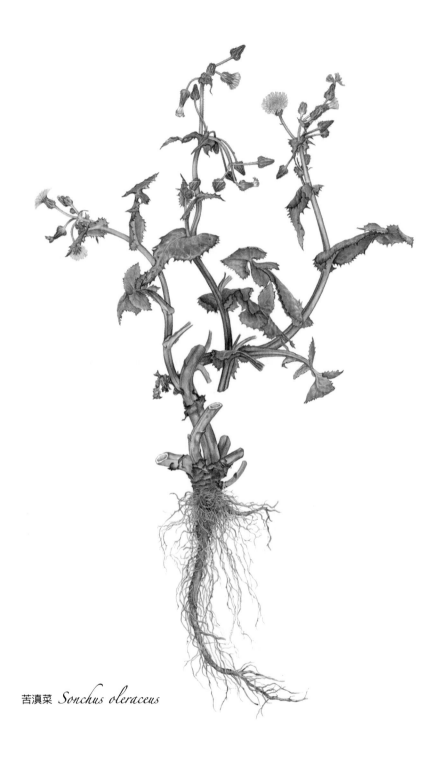

苦滇菜 *Sonchus oleraceus*

獨行菜（*Lepidium apetalum*）的果實

透過人類的雙手，離開原本生長的地方，定居至別處的植物。讓我們想像一下，歸化植物的長途旅行和定居，現在的生活會如何呢？

二〇一六年夏天，我所在的研究室在濟州島西歸浦發現了新的狹葉庭菖蒲（*Sisyrinchium angustifolium*）。狹葉庭菖蒲被收錄在韓國最早的植物圖鑑——《韓國植物圖鑑》中，是很久以前從北美來到濟州島的歸化植物。而我們研究室發現的新歸化種，不同於現有開著白色或深紫色花朵的狹葉庭菖蒲，而是綻放著淺薰衣草色的花，且花朵下部呈現罈子模樣，葉子和莖都更高。我和同事們透過文獻調查和植物採集，發現了它與現有的狹葉庭菖蒲明顯不同的地方，並且依據它淡色花朵的顏色，取名為「淡花狹葉庭菖蒲」。我追蹤了淡花狹葉庭菖蒲是何時、從何處、如何來到濟州島。藉由翻閱了一

升馬唐的果實

七○○年代的論文，並得到其他國家研究人員的協助，得知了這種植物是從南美傳入韓國定居的事實。從南美到韓國，這是多麼遙遠的旅程啊！就像人離開故鄉後，很難定居到新的地方一樣，淡花狹葉庭菖蒲應該也是這樣吧！

並不是所有來到韓國的植物都會成為歸化植物。有些植物雖然扎根於野地，但是無法定居，很快就會消失。這種情況叫做「遊子植物」，因為無法適應突如其來的環境變化，使自己變形或進化，這些植物就消失了。由於植物無法自行移動，所以只有在氣候和土壤等環境條件適合自己的時候，才能定居下來。此外，只有具備能夠傳播其花粉的適當的水分媒介者，才能繼續繁殖。

淡花狹葉庭菖蒲等歸化植物中，有些是人類為了利用它們而故意遷移過來的，也有些是無意中與人類活動有關而跟隨來的。人類為了利用而遷移來的外來植物，包括園藝用植物或食用植物。起初並未把它們當成歸化植物，但是在它們野生化後，才列入歸化植物。

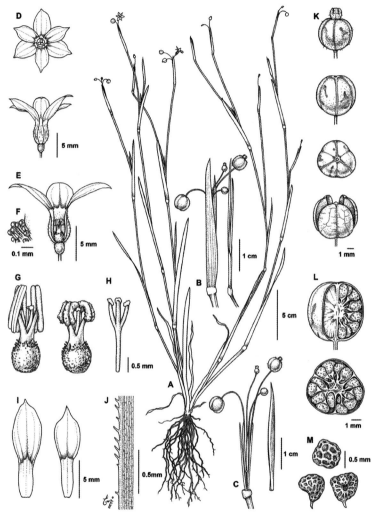

Fig. 4. Illustration of *Sisyrinchium micranthum* Cav. **A.** Flowering individual. **B.** Inflorescence (fruiting). **C.** Inflorescence and inner spathe. **D.** Flowers. **E.** Longitudinal section of a mature flower. **F.** Oil-glandular trichomes on the base of filamental column. **G.** Filamental column. **H.** Style. **I.** Tepals. **J.** Leaf margin. **K.** Fruit capsules. **L.** Longitudinal and latitudinal sections of immature fruit. **M.** Seeds.

淡花狹葉庭菖蒲論文發表的學術圖譜

我最近為了採集植物而去了鬱陵島，看到了十年前第一次訪問時鮮見的黃色花朵，盛開在海岸邊或公路邊。打聽之下，才知道原來這是我們為了吃咖哩或者喝茶而引進的植物——茴香（Fennel）。茴香已經脫離了種植地而被野生化。為了製作纖維而引進的茼麻（*Abutilon theophrasti*），或是藥用的美洲曼陀羅（*Datura stramonium*）也是脫離栽培地的歸化植物。諸如鴨茅（*Dactylis glomerata*）和紫花苜蓿（*Medicago sativa*）等，為供應草食動物的飼料或草地而引進的雜草，也被野生化了。

　　歸化植物中，由於生存能力過強，分布區域很快就會擴大，甚至會嚴重干擾生態系統，其中最具代表性的就是首爾常見的白蛇根（*Ageratina altissima*）。一到秋天，漫山遍野的白花就會形成大波浪。除此之外，豬草（*Ambrosia artemisiifolia*）、紫菀（Frost aster）、刺果瓜（*Sicyos angulatus*）等歸化植物，也是非常令人頭疼，需要大規模的清除作業。

　　這種歸化植物的流入有其趣味之處。那就是一起經歷了我們歷史的巨浪。根據韓國著名植物分類學家朴秀賢先生的研究，韓國歸化植物的歷史大致分為三期。

第一期是朝鮮時代對外開港之前，這一時期由引進的栽培植物，以及經由中國、日本、北美傳入的野生植物組成。我們周圍常見的白花三葉草、月見草、紫雲英、加拿大蓬（*Erigeron canadensis*）、皺葉酸模（*Rumex crispus*）等，就屬於這種情況。

第二期是太平洋戰爭或韓戰時期。當時雖然對植物的研究不足，但戰爭對歸化植物的移動產生了很大的影響。此一時期代表性的植物有豚草、波斯菊和黃花月見草。第三期則是韓國經濟發展期，隨著貿易的活躍和人們的自由流動，植物的移動也變多了。紫菀、三裂葉豬草（*Ambrosia trifida*）、白蛇根、美洲商陸（*Phytolacca decandra*）等，都是最近引進的植物。

在植物世界裡，強韌的意思不是力氣大，而是說明自己有多適應所處的環境。對植物來說，在新的地方定居可能比可以移動的動物和人類更為迫切。因為如果不能適應新的環境，就意味著消失。人類也會經歷很多變化，處於新的環境時，先產生恐懼感的情況也很多。但是，只要堅持並能適應新的時空，就會留下長久的記憶，就像人們自然而然認識的古老歸化植物一樣。

儘管如此，
獨島的植物

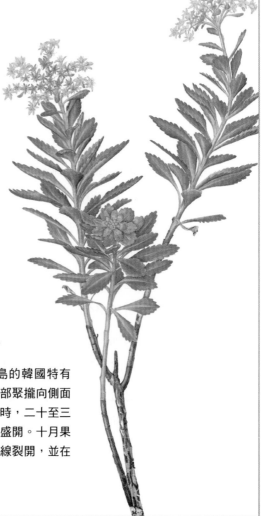

鬱陵島佛甲草 *Sedum takesimense*

這是只生長在鬱陵島和獨島的韓國特有種，高度可達五十公分，莖部聚攏向側面伸展，葉子和莖厚實。七月時，二十至三十個黃色花朵會聚集在一起盛開。十月果實熟成褐色後，會沿著縫合線裂開，並在裡面長出種子。

提起「獨島的生物」，很多人會想起黑尾鷗（*Larus crassirostris*）、帶腰風暴海燕（*Oceanodroma castro*）、日本海獅（*Zalophus japonicus*）等動物。那麼植物又如何呢？當然，眾所周知，獨島的氣候多變、土壤少，幾乎沒有淡水，並不是植物容易生存的環境，但是獨島有六十多種植物，以各自的方式存活著。

　　獨島和長白山同被視為韓國人死前一定要去的國境之一。但是，要踏上獨島的土地並不容易。我第一次訪問獨島時還是學生，當時只能在船上舉著太極旗拍照留念，就讓我感到很滿足。一九八二年，獨島被指定為自然紀念物，之後為了保護海洋生物，限制人們出入。雖然獨島的附近還有一個鬱陵島，但是彼此距離相當遙遠，真的可說是茫茫大海中的一個孤島。

由於無處可依，全身承受著強風和波浪，土壤流失嚴重，也時常發生海霧，所以獨島的土壤中鹽分含量很高。這種獨特的島嶼生態系統，並不是適合動植物生存的良好環境。儘管如此，還是有一些植物堅持不懈地活在獨島。

　　二〇一四年，我作為獨島的植物研究員，第一次見到了獨島的各種植物，並且和鬱陵島與獨島研究所一起參與了調查和繪製獨島植物的工作。當時 看到的眾多獨島植物中，有些想要介紹給大家。它是在陸地上看不到，只有在獨島和鬱陵島才能看到的特有種植物，也就是會成群結隊，花朵像大花束一樣盛開的鬱陵島佛甲草，學名是 *Sedum takesimense* Nakai。在學名上標注的竹島（takeshima）一詞，即是日本稱呼獨島的名字。在日本帝國主義強佔時期，有位名叫中井[*]（Nakai）的日本學者

帶著鬱陵島佛甲草
果實的枝條

---

[*] 中井猛之進（1882-1952），日本植物分類學者，曾任東京大學教授、小石川植物園園長，國立科學博物館館長。

鬱陵島佛甲草的果實　　　　　　　　種子

在學術界發表了這種只在鬱陵島、獨島生長的特有種植物，因而以此命名。韓國苦難的歷史也滲透在這株小植物的名字之中。

　　當鬱陵島佛甲草長得像星星一樣的果實裂開後，如同粉末般的小小種子會大量散播繁殖。雖然從上面看就像美麗的花束，但從下面看，枝幹和根部緊緊地交織在一起生長。整體而言，算是比較厚實，水分比較多的植物，但是容易折斷，不過折斷的地方會長出新的根，所以有利於繁殖。

　　另外，有些雖然可以在陸地上看到，但是與陸地植物不同，那就是夏天會在獨島盛開的瞿麥花。與我們經常種植的觀賞用石竹相比，它的特徵是花瓣更為細嫩。

鬱陵島佛甲草採集地

鬱陵島佛甲草 *Sedum takesimense*

雖然花形看似脆弱，不過具有向旁邊伸展的細長枝幹。由於枝幹一字排開，很難找到有根的地方。這算是瞿麥熬過獨島惡劣環境的生存祕訣。

如果說獨島的代表性動物是黑尾鷗和日本海獅，那麼足以代表獨島的花卉就是海菊。在獨島全境都可以看到海菊，一到秋天，它就會把獨島妝點得十分漂亮。海菊是菊科多年生草本，主要生長在海邊岩石縫隙中。我

鬱陵島佛甲草棲息地

瞿麥花

曾經挖起了一株獨島的海菊，根的長度足足有一公尺。它頂著海風，用根部艱難地抓住貧瘠的土地。

冬青衛矛（*Euonymus japonicus*）的外形也不一樣，不像陸地上的物種。生長在獨島東邊的東島的天藏窟（Cheonjanggul Cave）上方的這棵冬青衛矛，是獨島的樹木中歷史最悠久的，被指定為天然紀念物第五三八號。它生長在非常陡峭和危險的懸崖上，像苔蘚一樣密密麻麻地覆蓋著陡峭的巖壁。

事實上，我第一次在鬱陵島與獨島研究所收到植物標本時，感到非常為難。因為幾乎沒有完好的葉子，而且有很多根部斷裂的情況，所以不知道該怎麼畫。但是，當我在獨島親眼見到這些植物後，再也沒有苦惱的理由了。因為植物葉子上留下的傷口和斷裂的根部，就是獨島的植物飽受風雨和波濤沖刷而活下來的證據。

在這片土地上，無數的植物以各自的方式戰勝了

考驗，建立自己的家園而延續著生命。有一點很重要的是，即使在有著許多考驗、生活困難的地方，對植物來說，最終還是要堅持下去，因為這就是賴以生存的基地。也就是說，無論多麼艱難、多麼困難的情況，這裡都是其生存的基礎。從旁觀察植物這樣的生存方式，就能感受到生命的崇高。

CHAPTER 3

堅韌不拔的
夢想家們

轉向，
更近目標

木防己 *Cocculus orbiculatus*

這是莖部最長可達三公尺的藤本植物，生長在林
野之間。剛開始生長的莖為草綠色，翌年變為灰
色或灰褐色且質地堅硬。它堅硬如木的藤莖常被
用來製作工藝品或繩索。雌雄異株，僅在雌株上
結果。果實成熟時呈黑色或藏青色，表面覆蓋著
白色粉末。

夏末時分，我常到超市購買無花果樹的果實「無花果」。無花果是當季才值得品嚐的水果，也是一到夏末秋初之際，常讓人想起的親切水果。但是有一種無花果樹，前面經常被冠上strangle，亦即「纏勒」「勒頸致死」一詞，是被稱為「纏勒者無花果（strangler fig）」的植物；這通常是指生活在熱帶雨林裡的數種榕屬（Ficus）植物，那種纏勒者無花果樹與我們熟悉並食用果實的無花果樹，雖然是同屬的植物群，然而生活方式截然不同。

　　纏勒者無花果是用莖纏繞其他樹木攀爬而上的藤本植物，它們沿著熱帶地區的巨大樹木細密地攀附上去並緊緊地纏繞裹住，最終勒緊植物的咽喉。因此，它們被冠以「纏勒者」的別名。這是莖幹無法向上直

立伸展，依靠鄰近的樹幹生存之藤本植物的另一種形態。

有一種如同扼殺者無花果樹般，將自己的莖自行擰轉得像繩子一樣的藤本植物，名叫「纏繞植物」。與反重力朝向陽光直立生長的草或樹木相比，它們有著無法戰勝重力的柔軟無力的莖。因此它們倚靠著茁壯挺拔成長的植物，把莖部當作繩子般使用，螺旋式纏繞攀爬至可以進行光合作用的高度。

若想採集纏繞植物，需要花費一些時間。因為必須朝反方向解開纏繞著其他物體而上的莖部才能採集。如果接觸各種纏繞植物，就會發現其神奇之處。反重力逆勢而上的它們具有獨特的方向性。木防己、葛藤、牽牛花、薯蕷的纏繞方向是逆時針方向，而紫藤、忍冬、葎草、製作啤酒時使用的啤酒花則是順時針方向。

我們通常用「葛」字和「藤」字來形容因利害關係不同而引發不和或內心捉摸不定的狀態，稱之為「矛盾」，就是根據兩種朝不同方向攀爬而上的纏繞植物之方向性而創造出來的單字，是蘊含自然道理的一種表現。

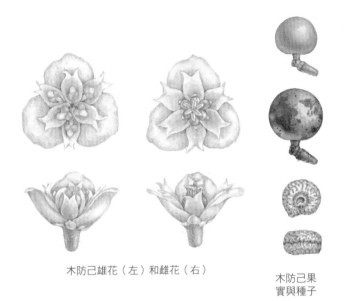

木防己雄花（左）和雌花（右）

木防己果
實與種子

　　如此般，有將自己的莖當作繩索使用的纏繞植物，也有創造出「手」來，直接抓住其他植物或物體向上攀爬的積極型藤本植物。被稱為「手」的藤蔓會像動物的手一樣呈現出積極的動作。這隻手是葉子或葉子的一部分、由莖變形而成，是藤本植物獨有的特殊結構。觀察南瓜、大豆、葡萄樹等植物，就能發現細長蔓延如彈簧般捲繞的小藤蔓。藤蔓搖搖晃晃地蔓

木防己 *Cocculus orbiculatus*

延出去，把被抓
住的物體緊緊地
捲繞住，這是因
為藤本植物的向觸
性（thigmotropism）所致。簡言
之，藤蔓一旦接觸到某物體時，接觸面
的外側部分將會加速生長，故能將物體纏
繞起來。

然而，在都市建築中生存下來
的，不是繩索，也不是藤蔓，而是擁

南瓜藤蔓

有吸盤的地錦。都市中心的建築牆面平整光滑，很難
把莖當繩子般使用，或用藤蔓抓住任何東西。但是地
錦會使用長得像青蛙腳趾般的吸盤，如同電影《不可
能的任務》中的主角爬高樓時使用的特殊手套一樣。
它的吸附能力強大，一旦曾被地錦攀爬上去的牆面，
即使摘除掉地錦，仍會留下痕跡。因此，曾被地錦攀
附過的牆面，很難完全清除這種植物的痕跡。

幫助藤本植物走向更高處的不是只有莖而已。通常
植物的根部會長在地底下吸收水和養分以支撐植物體。

地錦吸盤

但是由於各種因素，有些根部會拒絕埋在土裡，而是生長在空氣中，擁有獨特的功能，這種根部被稱為「氣根」，或叫「氣生根」。代表性的例子有依附在高樹上生長的氣生蘭；生長在水邊，部分根部伸出水面的落羽松、紅樹林植物的根等。藤本植物方面，被稱為「Ivy」的長春藤、薜荔、凌霄花等品種都擁有氣根。從莖伸出短而細密的氣根，附著於物體上，支撐著無力的莖。即使不是向上延伸的物體，而是蔓延在地面上，一樣會支撐著莖，與地下根扮演相同的角色。

　　儘管莖比別人細弱，無法反重力地生長，但藤本植物以自己的方式延續生命。將莖無法直立的弱點，利用柔軟但有彈性如繩索般的莖、抓住物體的藤蔓、可附著黏貼的吸盤與氣根來加以克服。

向著陽光，朝向目標前進的方法，因種類、因人而異。我很好奇大家是用什麼方法彌補了自身的不足。看到這種藤本植物，我想，被認為是缺點的，或許就是為了新的生存方式而產生的優點也說不定。

樹葉們
有理由
的行進

小葉四葉葎 *Galium trifidum*

這是屬於茜草科的多年生草本植物，高
度可達四十公分，莖細長，有時會側向
匍匐生長。莖疏被倒刺，葉片四枚輪
生，葉子呈橢圓形，大小不均勻，葉尖
鈍而圓。六至八月開白色花。

我們周圍的植物種類繁多，因而能看到各種形狀的葉片。大家曾看過的形狀最獨特的植物是什麼？或許每個人都不盡相同，但有一種任誰來看都會說出「奇怪」一詞，以獨特葉子而聞名的植物，那便是屬於「買麻藤門（Gnetophyta）」，名為「二葉樹（*Welwitschia mirabilis*）」的植物。由奧地利植物學家弗雷德里希·威爾維茨（Friedrich Welwitsch）在非洲西南部首次發現，以他的名字命名為「*Welwitschia*」。弗雷德里希將這種植物送到了英國皇家植物園，記錄這種植物的植物學家約瑟夫·道爾頓·胡克（Joseph Dalton Hooker）說：「毫無疑問地，這是所有帶回英國的植物中，最具魅力但也最醜的植物之一。」

二葉樹是原生二葉樹目二葉樹科的唯一品種，跟蘇

鐵和銀杏一樣被稱為「活化石」。由於其獨特的外表，長期以來無法決定其系統學位置是屬於裸子植物還是被子植物。

二葉樹一旦扎根，即使活了一千多年，也不會長出其他葉子，一生只有最初生出來的兩片葉子。因匍匐在地面生長，樹葉蒙受來自沙漠的沙子無數的傷害，隨風飄揚，末端受傷撕裂，殘破不堪。然而，接近根部的葉子會緩慢地持續生長。

人體內的所有器官都擁有符合各自功能的形態。植物也是一樣。環顧四周，各種形狀的葉子隨處可見。有像楓葉這種手掌形狀，也有像銀杏樹葉般的扇形、像韭菜葉一樣又長又窄的形狀等等。此外，有像櫻花葉一樣，在葉柄上掛著一片葉片的單葉植物，也有像洋槐（*Robinia pseudoacacia*）的葉片一樣小的葉子，由數對小葉組成一片的複葉植物。

複葉形狀的植物有如紫藤（*Wisteria floribunda*）、刺槐、臭椿（*Ailanthus altissima*）的葉子般，小葉沿著一條軸線對生的羽狀複葉，也有像五葉木通（*Akebia quinata*）、五葉地錦（*Parthenocissus quinquefolia*）、歐洲

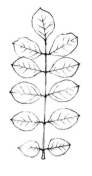

椴樹單葉　　　　　花木藍羽狀複葉　　　　五葉木通掌狀複葉

七葉樹（*Aesculus hippocastanum*）等手掌形狀的小葉，透過放射狀聚集在一起的掌狀複葉。這些複葉有的重複兩回、三回，也有一枚葉子本身即具有複雜的形態。

　　這種葉子的各種形態和數量是為了各種植物的生存，就像訂製衣服一樣量身訂做而成。二〇〇三年加利福尼亞大學戴維斯分校（University of California, Davis）的研究團隊發現了將植物的葉子變成複葉的基因。將他們發現的兩種基因──PHAN和KNOX進行調整，可以使原本是複葉的番茄葉變成單葉，也可以使羽狀複葉變成掌狀複葉。番茄在生長進化過程中，這些基因會加以干預，與單葉相比，會選擇複葉，複葉中會選擇羽狀複葉。這種選擇可能是因為羽狀複葉的形態最適合番茄的

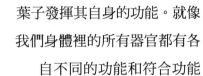

小葉四葉葎

葉子發揮其自身的功能。就像我們身體裡的所有器官都有各自不同的功能和符合功能的形態一樣，植物葉子具備的形態也都有其原因。

對植物而言，葉子是吸收陽光進行光合作用的器官。為了能夠多接收陽光，葉片寬闊地鋪展開來是最有利的形態。那麼，讓人好奇的是，為什麼不是一個大片的葉子，而是分成很多一片片的小葉形成複葉存在呢？一片大葉子不僅容易形成，吸收陽光的面積也會很大。選擇複葉的植物自有其理由，因為將葉子分成小

片，可提升散熱效率，迅速降低因陽光照射而上升的溫度，也可以減少對風和雨的抵抗，減輕葉子因降雨或強風所受的傷害。如松針般幾乎不佔面積的細長葉子，在寒冷冬季可縮減表面積，防止樹葉結冰。

　　仔細觀察葉子，葉緣的形狀也是五花八門。有如芋頭般邊緣光滑的葉子、如槲樹般呈波浪形狀的葉子、像春榆（*Ulmus pumila*）般呈鋸齒形狀的葉子。大致來說，熱帶雨林的葉子具有尾狀尖端，方便葉片表面的水順著葉子往下流淌掉。溫帶和寒帶植物則是葉緣呈鋸齒狀的樹木居多。這些葉子在早春，於鋸齒末端產生蒸散作用，水分迅速散失。植物體上發生的這種快速的水分散失，成為自根部吸水的原動力，加速樹液流動，有助於春天的植物快速生長。

細鋸齒緣的小葉石楠的葉子

　　植物在排列葉片的過程中也會縝密計算。為求最有利於光合作用而依據高度調整葉片大小，並調整角度和間隔，以確保每片葉片不重疊。不僅考量在一個個體內的排列方

式，還考慮其與鄰近其他植物的相互競爭來進行葉子的排列。葉柄可以調整角度，以使葉子表面能在一天之內吸收更多的陽光照射量，在風大的地方變長，便於隨風搖曳以減少阻力。

　　在同一個個體內，也會根據需求同時生成形態不同的葉子。我們經常種植的龜背芋（*Monstera deliciosa*）就是很好的例子。生長在熱帶雨林中的龜背芋是攀爬其他大樹的藤本植物。龜背芋的葉子有裂葉，也有未裂開的葉子。陽光從上方葉片的裂口間穿過，下方的葉子因而能被陽光照射到；雨和風通過葉片縫隙之間，故能有效閃避強風。而像變紅金合歡（*Acacia rubida*）這種生長在非洲的金合歡屬植物當中，也有因葉柄變扁平以致看起來像葉子的植物。它們沒有在乾燥的氣候下打造真正的葉體，而是留下堅硬結實的葉柄。一旦溼度上升，形成適合葉子生長的氣候時，這些植物之看似葉子般的葉柄上就會長出有著密密麻麻小葉的複葉。就像單葉末端懸掛著複葉一樣，形狀非常獨特。一葉之軀的葉尖上掛著複葉的形狀，或者說是複葉，但葉柄像葉子一樣呈扁平狀。

鬱陵菊花 *Dendranthema zawadskii* var. *lucidum*

鬱陵菊花的蓮座狀（rosette）葉叢 * 葉和根

　　在菊科、十字花科等所屬各種植物中，很多是蓮座狀葉叢與莖的葉子形態不同的情況。蓮座狀葉叢生長

* 蓮座狀（rosette）：葉子貼近地面，中央部分呈放射狀排列的狀態。

時貼近地面，易於抵禦寒冷和避風，有利於過冬。蓮座狀葉叢通常比在莖上生長的葉，更廣闊地鋪展開在地面上。以鬱陵菊花（*Chrysanthemum zawadskii* var. *lucidum*）為例，蓮座狀葉叢與莖的葉子分叉程度不同，有時看起來像是完全不同形狀的葉子。

　　水生植物也有很多是在水裡與在水面外生長成不同形態的葉子。形成在水裡可以減少水的阻力，在水面外可以有利於光合作用的兩種葉子。

　　植物的各種葉形都是符合各自環境進化而成的產物。任何形狀都不是無緣無故生成。有著超乎我們想像的縝密計算。看著我們周圍美麗植物的形形色色葉子，不妨想想，是否環繞著我們身邊的所有事物，都有其存在的理由呢？

治水的
植物

北美喬松 *Pinus strobus*

松科松屬的北美原產針葉樹，韓國引進作
為造林樹種及觀賞樹。五針松針叢集，春
天時雌雄毬花同時開展。松果長約二十公
分，直徑四公分，以略微彎曲的形狀垂掛
而下。種子有長翅，次年九月成熟。

若想調節室內溼度，可以將松果浸泡在水裡。這是一種天然加溼器。松果浸泡在水裡時，鱗片會整齊地收攏，水分蒸發後再逐漸展開。完全展開之後，可再次浸泡後重複使用。松果加溼器的原理是利用隨著溼度改變形狀的松果特性。

　　這種松果的原理刊登在二〇一五年一篇名為《Journey of water in pine cones》的論文裡。該論文由韓國學者發表，直譯題目的話，為「松果中的水中之旅」之意。落在松果上的雨水沿著鱗片滑進內部，擴散至內部纖維組織。此時，鱗片之間組織內的小孔會被水填滿，結構發生變化，鱗片因而關閉。松果可反覆收攏及展開，保護種子。

　　長翅的松樹種子在下雨天很難飄飛。因此，站在松

各種形狀的松樹毬果

樹的立場，它並不想在無法將種子傳播到遠處的下雨天裡讓種子飛走。所以松果在下雨時會收攏鱗片，防止種子飛散出去。如同松果般擁有調節缺水或滿溢狀況的植物能力，出乎意料的周密。

二〇一六年，我應邀參加了在美國賓夕法尼亞州卡內基‧美隆大學（Carnegie Mellon University）舉辦的植物畫展，然後到佛羅里達大學跟一位到美國八年不見的朋友見面。從賓夕法尼亞州到佛羅里達州相當遙遠，但如果不勉強成行，似乎就很難再見到他。他是我讀碩士時在北京植物園認識的中國朋友。我們八年來一直互發電子郵件往來，但見面的機會一直錯開，一次也沒見過。那位朋友在北京讀完博士後，當時正在美國佛羅里達大學攻讀博士後研究員。得益於此，我才能從這位優秀的植物學家朋友那裡獲得佛羅里達州的植物介紹。

我和那個朋友一起逛了佛羅里達的許多地方，發現有種讓人眼睛一亮的植物隨處可見。那是被稱為

「西班牙苔蘚（Spanish moss）」的松蘿[*]（*Tillandsia usneoides*），近來在韓國的花店裡也經常能看到這種植物。松蘿幾乎遍布在佛羅里達州所有地方。垂懸的松蘿經風一吹就搖搖晃晃，因為灰濛濛的顏色，營造出陰森森的氣氛，所以佛羅里達人說「佛羅里達州總是在過萬聖節」。松蘿依附樹木生長，是僅靠空氣和雨水中獲得的極少量水分就能生存的獨特植物。

有種植物比松蘿更耐旱。是一種叫做「萬年松（*Selaginella tamariscina*）」的植物，在登山路上也很容易看到。若是喜歡登山的人，一定曾看過依附在岩壁生長的萬年松。萬年松的樣子會因時而異。在乾燥氣候持續的日子裡，會蜷縮似球狀，彷彿枯萎死去；但只要雨一來，就會若無其事般地，驟然綻放綠色翠葉，將岩石裝飾得綠意盎然。

國外也有類似的植物。就是被稱為「復活草」的鱗葉卷柏（*Selaginella lepidophylla*）。這種植物適應沙漠環境，可以無水存活數年。甚至失去百分之九十五的水分

---

* 　譯註：此松蘿屬於鳳梨科空氣鳳梨屬 (Tillandsia)，是園藝上的名字。台灣常稱呼為「松蘿 (Usnea)」的是一種枝狀地衣。

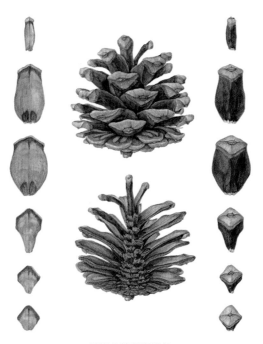

松樹的松果與鱗片

香杉

也能生存。這是因為其植物體內產生防止細胞損傷的化學成分變化才有可能發生的事情。

不僅如此，它在失去水分後，會將葉子捲起來，保護自己免受過度的熱與光的照射，延長生存時間。隨著溼度的提升，葉子會快速如花瓣般展開，恢復光合作用的能力。假使乾旱狀態持續太久，復活草會自行切斷根部，將葉體託付給風，然後移居重生，一如其名地展開全新的生活。更令人驚訝的是，即使是被切成碎片的枯葉，只要一接觸到水分，就會像重新復活般展開葉子。雖然是死去的組織，但仍擁有展開或捲曲葉子的能力。這與從樹上掉下來的松果會隨著溼度而改變模樣的原理相似。

有些植物會像復活草一樣抗旱，但有些植物會採取因應之道。譬如說有的植物是如同仙人掌般，會讓自己的植物體變胖以用來儲存水分；有些植物則是本身即具備在有水分時，可以善加貯存的構造。鳳梨和彩葉鳳梨屬（Neoregelia）植物即為其例。它們與蒲公英和車前草一樣，葉子呈蓮座狀的形態，但是彩葉鳳梨屬植物與蒲

公英和車前草不同的是，在它們的葉子密密麻麻聚合成簇的中間，形成可以積水的杯子狀，看起來像一個小小的蓮花池塘。下雨或溼氣多的時候，在此貯存水分，作為生存之用。

　　彩葉鳳梨屬植物在蓮座狀形態的葉子中間，即位於葉叢內的這個蓮座狀池子裡，會像中心長出花梗的蒲公英一樣在中央開花。由於有蓄水，溫度可保持恆溫，構成開花的良好環境。此外，若動物的排泄物或腐爛的植物碎片掉落在葉子中間的這個蓮座狀池子裡，也會被吸收成為養分。這種情形如果是發生在一般植物上，可能會因過度潮溼與細菌或真菌而造成植物體腐爛，但彩葉鳳梨屬的葉子即使堆積水分或排泄物等，都不會腐爛。生長在南美的茂盛森林，而且是附生在高樹上的彩葉鳳梨屬植物，很難利用根部吸收養分和水。所以等同於它們創造了自己的蓮座狀池子來克服這種困難。更有意思的是，還有生活在彩葉鳳梨屬蓮座狀池子裡的青蛙呢！多虧寄生於高樹上的彩葉鳳梨屬，青蛙才能生活在高層蓮座狀池子裡，保護自己和繁殖，免於遭受來自捕食者的傷害。青蛙與蝌

蚪的排泄物也再次成為彩葉鳳梨屬的養分。

　　植物並不一定無條件必須吸收水分。有些植物生活在水中，同時具有防水功能，蓮葉即為代表性一例。蓮葉透過所謂「蓮花效應（Lotus-effect）」的方法疏水，水滴一碰到葉子就會嘩啦地滑落下去，樹葉完全不會被水浸溼。這並非單純因為葉子的蠟質層所致。水有表面張力，水滴接觸物體時，會產生黏合力作用，因此物體的表面會溼透。而像蓮葉這種葉子，不僅擁有蠟質層，還具備削弱水的黏合力及疏水的微細結構。

　　為什麼蓮葉會疏水，而且總是保持表面清潔呢？葉子是進行光合作用的組織，因此葉子的作用當中，吸收陽光最為重要。雖說植物需要水，但有時水和泥土也可能會損傷葉子。為了防止這種情況發生，與根部不同地，蓮葉被賦予防禦水的功用。這種蓮葉的自淨能力和疏水力，也為人類帶來很多靈感，並應用於玻璃或纖維的塗層劑等各種產品。

　　看著植物對待水的樣子，我認為我所必備的東西不可能總是充裕無虞，偶爾善用不足的部分可能反而

會成為優點，滿溢的東西有時反而比不上不足。若是不足，必須用明智的方法來因應，直到被填滿為止，在時機到來之前，都必須耐心等待。若是太過充裕，也必須懂得智慧地加以儲存和調節，生活在自然規律中的人類也不例外。

植物
猛獸們

日本鈍果寄生 *Taxillus yadoriki*

這是附著於其他植物枝條的一種寄生常綠灌木。韓國僅生長在濟州
島，棲息地狹小，個體數較少。葉片正面無毛有光澤，背面與新枝
上，長著密密麻麻呈現紅光的褐色絨毛。十月會開出紅褐色略微彎
曲的花。冬天過後，果實成熟，果肉非常黏稠甜美，種子因此被鳥
兒進食後而傳播出去。

有的植物能感知氣味。在此要介紹的是一年生藤本植物五角菟絲子（*Cuscuta pentagona*）。五角菟絲子是纏繞著其他植物，透過莖上的吸盤吸取養分的寄生植物。但是五角菟絲子尋找寄生植物的方法非常有趣。二〇〇六年美國賓夕法尼亞州立大學研究團隊，將五角菟絲子與它主要寄生宿主的番茄放在一起觀察。五角菟絲子的幼苗長得像黃色細絲，會朝四方畫圓似地旋轉並探索，一旦接觸到宿主番茄的莖時，就會伸直並加以纏繞。在此過程中，研究團隊發現，五角菟絲子是在聞到番茄莖的味道後，才找到宿主番茄。因為五角菟絲子無法找到味道被隔絕的番茄，但會靠近味道沒有被隔絕的番茄。由此可窺見植物的動物性，這種具有動物性的植物並非只有五角菟絲子而已。

五角菟絲子的花、
果實、種子、芽

五角菟絲子
(Cuscuta pentagona Engelm)

五角菟絲子的吸器（haustoria）

黃色的莖末端有一株開了一朵紫紅色花的菸斗狀植物，是一種學名叫「*Aeginetia indica*」，名為「野菰」的植物。因其形狀之故，又被叫做「菸斗楜寄生」。野菰寄生於禾本科芒屬植物（如芒草），將自己的根連接到芒草的根部，從而吸取芒草的營養和水分。它生長在韓國南部地區，只有宿主植物芒草生存它才能生存，所以並非常見的植物。

我因為想畫出這株頗具魅力、開著紫紅色花朵的植物，每次採集植物時都會格外留意觀察芒草周圍。這株不需要光合作用的寄生植物因為沒有葉子，開花後會馬上凋謝，所以不容易找到。但是我偶然得知，在首爾有個地方能看到很多這種野菰，那就是天空公園。這裡有寬廣遼闊的芒草田，每到秋天就會開出多到媲美芒草的野菰。首爾市建造天空公園時，從南方引進芒草，寄生於芒草根部的野菰也隨之來到了首爾。由於本身無法行光合作用，以擁有如同竊取他人能量而生的動物般的特性，意外展開了野菰的首爾生活。

像五角菟絲子和野菰這種沒有葉子且植物體整體都沒有綠色的植物，通常無法進行光合作用。因為所有的養分都完全依賴宿主，所以也被稱為「全寄生植物」。當然也有綠色的寄生植物，像在寒冬裡仍綠油油地掛在凋零樹梢上的槲寄生（*Viscum coloratum*）。我曾畫過槲寄生種類的植物，還被用作美國女性科學家的散文《實驗室女孩》（Lab Girl）的韓國版封面。畫中的主人公就是槲寄生科種類的日本鈍果寄生（*Taxillus yadoriki*）。日本鈍果寄生是僅見於濟州島西歸浦的寄生植物。如槲寄生、日本鈍果寄生、檜葉寄生（*Korthalsella japonica*）等擁有綠色葉子的寄生植物，具有光合作用能力。在光合作用的同時，掠奪其他植物的養分生存的植物被稱為「半寄生植物」。它們同時具有行光合作用的植物特性，以及從其他生物身上獲取養分的動物特性。

野菰

日本鈍果寄生

寄生植物具有
被稱為「吸器」的吸
盤狀特殊根部，黏附
在宿主植物的表面，然後
戳入韌皮部（phloem）和木質部（xylem）
中去吸取水分和養分。戳入宿主的部分會隨著寄生植物
種類而有所不同，主要是戳入宿主的根部或莖部。而且
根據全寄生植物還是半寄生植物的不同，戳入的深度亦
不相同。全寄生植物會完全戳進宿主的韌皮部和木質部
中，奪走所有從葉子上製造的能量和根部產生的水、礦
物質等。而半寄生植物具備光合作用能力，所以只會侵
入到木質部中。儘管會奪取水分和礦物質，但不會竊取
由樹葉生成的養分，或是只會竊取一點點而已。

　　有別於此，有些植物是利用其他方法來獲取養分。

有一種透過從像是菌類的蘑菇這種腐爛生物中攝取養分，來獲得能量的植物，它們被稱為「腐生植物」。在韓國，水晶蘭（*Monotropa uniflora*）或松下蘭（*Monotropa hypopitys*）是代表性的例子，它們在陰涼處冒出雪白剔透的模樣，看起來像蘑菇。因為容易誤認為是蘑菇而錯過，但其實是植物。

　　說起「植物」，大家就會認為它是一種不傷害他人，自行創造能量的和平生物。但是看著寄生植物，就會想到植物所具有的動物性。植物的進化甚至能超越植物的本性。進化到可以拋棄植物行光合作用能力的本性。從植物性到動物性，或者植物性和動物性兼具，甚至還能接受像蘑菇等菌類的生存方式。也許地球上無數的植物，正以超乎人類想像的程度，更自主地開拓自己的路，並不斷進化至今，而且仍在進化中呢！

依附慶壽木（*Litsea japonica*）
而生的日本鈍果寄生

三顆種子
去向何處

白新木薑子 *Neolitsea sericea*

生長在韓國南部溫暖地區的樟科植物。幼
葉密被黃褐色柔毛，成熟葉則光滑無毛。
十至十一月，雌雄異花，雌花有一枚雌
蕊，雄花有八枚雄蕊。翌年雌花序會結成
紅色圓形果實。

在春天的果園裡，梅花、桃花、梨花、蘋果花、櫻桃花盛開，非常美麗，讓人分不清究竟是農耕地還是賞花之處。在秋天的果園裡，農民們收穫熟透的果實。但是在春天花朵盛開的果園裡，可以看到農民們正努力地摘下某個東西。在開花之前，只留下幾個花蕾，摘除掉大部分花蕾的過程，這是為了將能量集中到剩下的幾朵花上，以確保碩果纍纍，等於是人類幫助樹木去選擇和集中。在植物的世界裡，比這更堅固的選擇和集中，是為了生存應運而生。

韓國植物分類學者趙成賢（譯音）博士在韓國環境部執行的緬甸植物調查計畫

杏樹果實

過程中，發現了新物種直立粉藤（*Cissus erecta*），並於二〇一六年向學界報告。我製作了論文內該植物的學術圖譜。二〇一五年夏天收到有花的植物體，觀察花並記錄下來。秋天，趙博士再次訪問緬甸，採集果實並帶來給我。但是有一個我不能理解的地方。在夏天畫的花當中，發育成種子的胚珠分明有四顆，但成熟的果實中只有一顆碩大的種子，準確地佔據在中間位置。

　　如果花太小或胚珠的子房*結構複雜，透過成熟果實中的種子，可逆向預測花與子房的結構。直立粉藤的花當中，四顆胚珠清晰可見，但看到果實卻發現，三顆種子消失得無影無蹤。大部分植物若胚珠無法成熟為完整的種子，至少也會留下痕跡，但直立粉藤的果實中卻找不到其他三顆種子的痕跡，其理由可透過在它的花演變為果實過程的中間階段的小果實來確認。將小果實掰成兩半，四顆胚珠當中，很明確地只有一顆會冒出頭，逐漸成熟長成種子。花的子房內擁有多顆胚珠的果實，大部分隨著養分或環境條件的不同，會擁有成熟的種子和不成熟的種子。

---

* 　子房：被子植物的雌蕊基部下方膨大如袋狀的部分，裡面有胚珠。

FIGURE 1. *Cissus erecta* S.H. Cho & Y.D. Kim. A–B. Flowering individual. C. Inflorescence (flowering). D. Inflorescence (fruiting). E–G. Flower. E. Flower bud. F. Mature flower. G. Disk and stigma. H–I. Mature fruit. J. Seeds. K. Mature flower (longitudinal section). L. Immature fruit (longitudinal section). M. Stem node with a pair of stipules. N. Stipule. O. Pedicel (muriculate, at flowering time). P. Leaf margin. Q. Leaf (lower surface).

直立粉藤（*Cissus erecta*）論文發表的學術圖譜

直立粉藤則是與此相反，完全吸收了其餘三顆種子，只留下一顆種子。這是為了將營養集中到最茁壯成長的一個胚珠上以打造出健康結實的子孫。可說是直立粉藤對堅固的選擇和集中所做的設計。

　　在我小時候每天獨自散步的河邊，有一次我發現一朵從未見過的紅花，於是把那朵花摘下來帶回家去。當時不知道，該植物是原產於歐洲的外來品種，名叫紅菽草（*Trifolium pratense*）。外來品種似乎都一樣，它們的種子經常是順著江水漂流而來。由於花很漂亮且香氣四溢，我把它插在花瓶裡，不愧為適應韓國土地的歸化植物，生存能力卓越，很快就扎下了根。接著我將它移栽到花盆裡，綠葉覆滿了花盆。我期待著將來有一天紅花能再盛開，一直給它澆水。這棵植物在我照料它的一年期間，從未在陽臺上開過花。結果，極其愛護珍惜地整理陽臺的母親不以為然地說道：「為什麼把不會開花的雜草帶回來繼續種呢？」

　　後來我才知道，紅菽草自有其理由。植物隨著環境

條件的不同，會選擇營養繁殖[**]和有性繁殖[***]。紅菽草在沒有競爭者的環境下，甚至還能一絲不苟地按時管理好自己，所以沒有必要為了繁殖而開花結果，取而代之的是集中精力於培育自己身體的營養生長。

類似的情況也可以在蘭花上看到。有沒有人曾養了十年的蘭花，卻不曾看到它開花呢？這種情況大概是因為蘭花的營養生長條件太好，故無須選擇生殖生長。相反地，在道路邊傷痕累累又不健康的松樹，結的松果多到吃力的程度。這種情況是松樹知道自己面臨死亡危機後，故選擇多留子孫的生殖生長的結果。

還有這種情況。我們一般認為的動物是分雌雄兩性，而植物則有雌蕊和雄蕊並存的兩性花，以及只擁有雌蕊的雌花、只擁有雄蕊的雄花區分開來的單性花。兩性花和單性花各有優缺點，植物會根據其物種與環境的不同，做出對自己最有利的選擇。在此過程中，有比單純選擇兩性或單性更為複雜的機制。山茱萸或紅楠是兩性花，麻櫟和松樹則是雌雄同株，三椏烏藥和銀杏樹、

[**] 營養繁殖：透過葉、莖、根等營養器官繁殖的現象。
[***] 有性繁殖：植物透過有性生殖，以花、果實、種子等生殖器官，產生新個體的現象。

白新木薑子的雌花（左）和雄花（右）

　　白新木薑子是雌雄異花。更有甚者，有些樹種具有兩性
花和雄花，沒有雌花。而只有兩性花和雌花，沒有雄花
的情況也有。在此，環境條件也會產生影響。即使是在
一個植物個體內，也會根據開花的高度或陽光的照射
量、根據周圍個體的不同，而對兩性花、雌花、雄花進
行不同的配置。兩性花方面，若是自己的花粉附著在自
己的雌蕊柱頭上進行自花授粉，很容易形成遺傳基因多
樣性較低的種子。或者即使認知為相同的基因而沒有受
精，但也會妨礙其他個體的花粉附著。單性花方面，雖
然可以避免自花授粉，但如果近處沒有異性的花，在種
子形成上可能會失敗。如此般，植物的演化是會考量自
身的生態特性、花的構造、環境條件等，才來選擇花的

性別。

　植物為了生存做出了很多選擇，但是卻無法決定自己想要生活的基地，也無法前往自己想去的地方。因此，「選擇」這個詞可能並不合適。但是為了生存的植物的選擇，或許正因如此，反而能更加豁達且明確地實現也

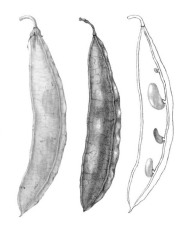

具有成熟種子和不成熟種子的台灣馬鞍樹
（*Maackia floribunda*）果實

說不定。因為植物無法像可以移動的動物一樣迅速因應環境變化、躲避或移動及做出其他選擇。希望今天同樣面臨很多選擇的各位，能從植物所展現的選擇和集中，獲得鞏固生活的智慧。

優雅的毒氣

漢拿烏頭 *Aconitum quelpaertense*

這是生長在濟州島漢拿山海拔五百至一千四百公尺森林裡的毛莨科烏頭屬多年生草本。樹幹筆直，高約一公尺，根部有毒。秋天開花，五個花托看起來像花瓣，形成頭盔狀。果實成熟後，沿著一條縫合線裂開，種子就會冒出來。

我在二○一一年舉辦個人展時，接到了一通電話。剛開始交談時，我以為這是打來說很開心地看完展覽會的寒暄電話。但是當打電話的人一介紹自己是韓國東大門警察署重案組刑警時，瞬間讓我感到非常緊張。我也沒有做錯什麼，這輩子連警察局附近都沒去過，重案組刑警對我而言，完全是另一個世界的人。他介紹自己是在緝毒隊，在展覽會上看到了我的植物畫，問說是否能幫他畫罌粟花。他說是為了區分辨識真正的罌粟花與觀賞用種植的虞美人（*Papaver rhoeas*），想製作正確的指南，對警察同事或開始毒品調查的新進警察，應該會大有助益。聽起來覺得真的是件好事，所以我產生了興趣。但是他說罌粟不能運出警察局，所以繪畫期間都必須待在警察局裡！

漢拏烏頭 *Aconitum quelpaertense*

像罌粟一樣對人類有害物質的草，被稱為毒草。不容易見到的罌粟是毒性較弱的植物，而在韓國全境內，比想像中更容易見到許多劇毒性植物。進行植物採集時，安全上山固然重要，但也必須認識一些在採集時需要格外留意的植物。儘管透過圖鑑或論文可以瞭解植物毒性，但最好多跟隨研究員前輩瞭解毒性的狀況。毒性滲入傷口或用觸摸毒草的手去揉眼睛，可能會在山中面臨意想不到的危險。

雖然曾在電影《朝鮮名偵探：高山烏頭花的祕密》登場過，但烏頭屬（*Aconitum*）植物是代表性的劇毒性植物。只要吃一點點，血壓就會下降，甚至導致死亡。這種烏頭屬植物遍布韓國全境，在夏末和秋天盛開優雅的花，會讓人產生想伸手摘下它的念頭，真是美麗而致命的植物。

在韓國南部地區，為了觀賞粉紅色的花，經常種植一種名叫夾竹桃（*Nerium*

oleander）的植物。這種植物從非洲與地中海，乃至亞洲，廣泛生長於野外。不僅是行道樹，居家庭院裡也能輕易見到。對於夾竹桃的生長而言，韓國北部地區氣溫較低，所以經常養在陽臺上。我母親也養了十多年的夾竹桃，但卻不知道它是有毒植物。在韓國南部，隨著將夾竹桃剪枝製成筷子，導致使用的人死亡的消息流傳開來，其危險性才逐漸廣為人知，因此，目前在韓國慶尚南道的統營市和濟州島，種植作為行道樹的許多夾竹桃，也已經被砍伐殆盡。

在韓國山中隨處可見的代表性毒草是天南星（*Arisaema*）。古時候製作毒藥時，都是使用烏頭跟天南星。一到秋天，看到密密麻麻的紅色果實和下面堅固粗壯的根部，經常被誤以為是人參而發生中毒事故。食用天南星會引發麻痺症狀和語言障礙。因為天南星的葉子翠綠潔淨，也常造成輕微的中毒事故。天南星毒性強烈，連蟲子都不愛吃，所以不用長刺或毛來防禦，可以盡情伸展大片又寬廣的葉子來生活。登山者若想要摘下周圍的樹葉來使用時，生長約至膝蓋高度的它的葉子很容易映入眼簾。於是摘下葉子墊在食物下方，或急於如

廁，之後使用它的葉子來處理，即使不嚴重，也會發生
輕微中毒現象。

那麼，有容易區分有毒植物的特徵嗎？正確答案
是「沒有」。蘑菇的情況也是一樣。雖然有所謂毒草、
毒蘑菇都是模樣或色彩華麗、無蟲等說法，但實際上毫
無科學依據。植物為了防禦昆蟲或動物，或者為了阻礙
競爭者植物的生長，就會擁有毒性。植物為了影響其
他生物而製造這些生化物質來使用，叫做「化感作用（
alleopathy）*」。植物的毒性不是植物生長、發育、繁殖
的必備要素。因此，可以把它當作是保衛自己的祕密武
器。

我在研究植物的過程中，覺得這些擁有祕密武器的
植物非常有魅力。所以我想，假使有一天我能擁有自己
的庭院，我一定只收集毒草來打造庭院。實際上，在二
○一五年蘇格蘭園藝博覽會上，我曾看過某個園丁提議
的毒草庭院。入口處掛著骷髏標示與警告語句，散發著

* 化感作用：植物產生一定的化學物質，阻止其他植物生存或阻礙生長。

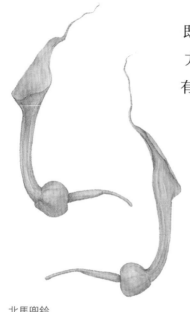

北馬兜鈴

既機智又陰森的氣氛。另一方面，我一想到具備自己獨有之武器的植物們都聚集在這裡，頓時有種莫名的悲壯感。

調查植物毒素時，我發現若稍微提煉植物的毒性物質並調節劑量，大部分可用作藥物。「植物毒」雖然對人類有害，但對其他動物或植物卻是無害或反而有幫助的情況也很多。就像絲帶鳳蝶（*Sericinus montela*）吃了北馬兜鈴（*Aristolochia contorta*）長大後，體內會累積北馬兜鈴的毒性，藉此保護自己以抵禦天敵。

植物的毒性很難單純地指名為毒。因為對於植物來說，毒是為了防禦自己，有時是為了攻擊對方，有時是為了共生而掏出的祕密武器，是它們的殺手鐧。雖然

「具有毒性」像是句可怕的話，但若想在這個變化多端的世界披荊斬棘的話，我們是否也應該像植物一樣，持有一種自己「毒」有的武器來生活呢？

CHAPTER 4

一起聚集
朝向天空

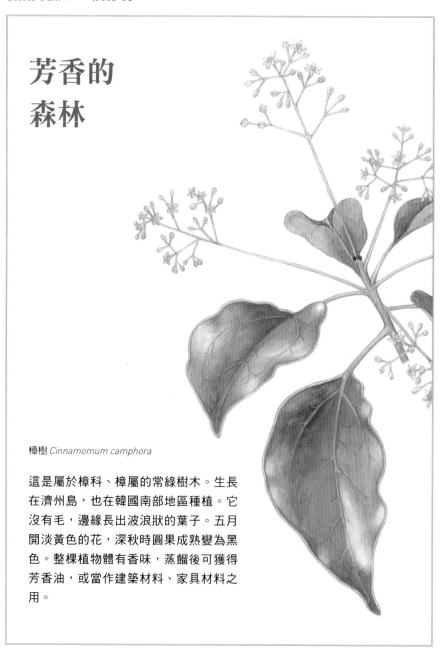

芳香的
森林

樟樹 *Cinnamomum camphora*

這是屬於樟科、樟屬的常綠樹木。生長
在濟州島，也在韓國南部地區種植。它
沒有毛，邊緣長出波浪狀的葉子。五月
開淡黃色的花，深秋時圓果成熟變為黑
色。整棵植物體有香味，蒸餾後可獲得
芳香油，或當作建築材料、家具材料之
用。

喜歡桂皮香嗎？我小時候不怎麼喜歡桂皮糖和柿餅汁，那種辛辣的香味讓人很難親近。那肉桂粉又如何？在卡布奇諾濃縮咖啡上面撒上肉桂粉，可以增添特有的風味。很多人說「雖然不喜歡桂皮，但喜歡肉桂」。但是仔細想想的話，會覺得兩種香味差不多或者一樣。事實上，這是因為桂皮的英文名字和「肉桂（Cinnamon）」是一樣的。在這篇文章中，我也想來談談植物所具有的香氣。

　　「Cinnamon」一詞來自樟科的一個分類群，也就是樟屬（Cinnamomum）。這個單詞在希臘文中意指「捲起來的形態」，源自於樹皮乾了後就捲起來的特質。那麼桂皮是從哪裡來的呢？

一般認為桂皮是肉桂樹的樹皮，準確地說，沒有桂皮樹這個品種。桂皮是樟樹屬的四種樹皮的總稱，包括中國的肉桂樹（*Cinnamomum cassia*）、越南的西貢肉桂（*Cinnamomam loureiroi*）、斯里蘭卡的錫蘭肉桂（*Cinnamomum verum*）、印尼的陰香（*Cinnamomum burmanni*）。西方將具有濃郁香味和辣味的肉桂樹皮稱為「中國肉桂」，而甜味主要用於咖啡的斯里蘭卡肉桂稱為「錫蘭肉桂」。我們通常稱之為桂皮的，大部分是中國肉桂。

韓國野外也有樟樹屬的品種。最具代表性的就是樟樹。在日本動畫《龍貓》中，龍貓就生活在這種樹上。雖然樟樹皮不會當作桂皮使用，但是這種樹上也會散發與桂皮相似的獨特香氣。在樟樹生長的韓國南方地區，為了享受其香氣，還會製作成茶來飲用。如上所述，樟科植物都具有屬於它們的植物化學成分（phytochemicals），大部分會散發獨特的香氣。我們熟知的月桂樹、酪梨、三椏烏藥等樹種，也都屬於樟科。

樟科植物散發香氣的原因之一，是為了驅趕攻擊葉子或莖的害蟲。所以古人利用樟科植物的香味製作驅蟲

劑，還製作不易腐爛的家具，或是保存木乃伊用的棺材等。

在採集的過程中，我遇見許多種植物，自然而然地接觸到植物產生的多種香氣。我喜歡的香氣中，有很多人們不太熟悉的植物香氣。其中之一就是陽光變暖的五月，在無風的日子裡散發的鐵樹花香，它摻雜著甜蜜的香氣，是具有蜂蜜味的花香。每逢五月，我就會向朋友們推薦這朵開在校園裡的鐵樹花，雖然想找到合適的表達方式，但總是無法準確表達，而感到很遺憾。目前我是將它形容為「溫暖的地瓜蛋糕香氣」。

還記得高中時期，曾在下課後留在學校和朋友一起製作香水。我們偷偷進入學校的科學教室，利用實驗工具進行蒸餾。校園裡有一棵叫丹桂（*Osmanthus fragrans var. aurantiacus*）和桂花（*Osmanthus fragrans*）的樹，它們的花香真的很誘人。我們把蒸餾出的液體裝在小瓶子裡，稱之為香水。實際上，這些樹木的花在著名的香水中也經常被加入。

但是植物並不只擁有這種好聞的香氣。花朵比人類身高還高的巨花魔芋（*Amorphophallus titanum*），從它的

名字中就可以推測出腐爛的氣味。這是為了吸引幫助它受精的蒼蠅。香氣的好壞只是人類的標準，植物是用化學的方法製造出其所需的氣味。根據植物要吸引或是驅逐的對象不同，其氣味可能是適合人類感受的香味，也有可能不是。

有些植物是在昆蟲或動物接觸植物體時，或者只在特殊時期才散發香氣。家家戶戶經常種植的天竺葵（*Pelargonium*）就是代表性例子。它平時沒有香氣，但是在澆水或觸摸時，會散發劇烈的氣味。天竺葵在受到天敵攻擊時，會產生化學作用，釋放出天敵討厭的氣味才將其趕走。植物為了驅逐天敵而製作的氣味，同時也會有其他作用。它既能發揮向周圍同族宣告天敵到來的信號彈作用，還能喚起驅趕或捕食自己天敵的其他動物的作用。就像是在召喚保鏢一樣。除此之外，植物還可以利用香氣自行殺菌，阻礙細菌（bacteria）的生長。

植物在植物之間的領域鬥爭中也使用香氣，最具代表性的就是松樹。松樹底下沒有其他大型植物生長，所以人們都說可以鋪上涼蓆，有利於森林浴。但是為什麼松樹下就不能長出其他大型植物呢？這是因為松樹產生的化學物質阻礙了其他植物的生長。這種化學物質

樟樹 *Cinnamomum camphora*

就是芬多精（phytoncide）。芬多精一詞是phyto（意即「植物」），和cide（意指「殺死」）的複合名詞，意思是「殺死植物」。也就是用植物產生的化學物質來殺死其他生物。但是諷刺的是，芬多精是對人類有利的物質。除了松樹之外，大蒜、洋蔥、藍桉（*Eucalyptus globulus*）、茶樹等香氣強烈的植物，以及香氣非常脆弱，我們感受不到香氣的許多植物，也含有與芬多精類似的成分。

一提到植物的香氣，我們就會想到花香、草香等人們喜歡的浪漫香氣。但是植物產生的氣味，根據其所製造的化學物質不同而相當多元化，其作用也不一而足。從眾多植物的香氣和利用它的方法來看，人類也可以思考如何利用各自的香氣和特性。我想說的是，希望大家能夠發現世界上既有的眾多植物香氣中，依據情況、時間，以及想要近距離享受的，只屬於各位的植物香氣。

朝向
均衡

橡實（櫟屬之樹木的果實總稱）

櫟屬之各種樹木的果實。槲樹（*Quercus dentata*）、蒙古櫟（*Quercus mongolica*）、枹櫟（*Quercus serrata*）、黑櫟（*Quercus myrsinifolia*）、日本赤櫟（*Quercus acuta*）等，都會結橡實。橡實有球形、蛋形、橢圓形等多種形態，也能透過被稱為「殼斗」的帽形部位來區分物種。殼斗科（*Fagaceae*）品種是韓國造林的代表性植物。

在都市再生、地區活性化的過程當中，地價和租金上升，導致原有居民和商家被迫遷離的現象被稱為「仕紳化（Gentrification）」。近年來，此一現象在韓國乃至全世界各地均成為話題。最糟糕的仕紳化不僅會失去地方特色，還會導致被排擠的原住民、甚至新住民都會破產。聚集的人多但地方有限，競爭不可避免，該怎麼做才能和諧地解決此種變化過程，為了生存，我想從植物的世界中找尋處理的智慧。

在生物學中，某種植物群落隨著環境變化而演變為新植物群落的過程，稱為「演替（succession）」。如果對山體滑坡或洪水過後裸露出的地面置之不理，在不知不覺之間，植物會一個個長出來，形成新的植物群落，

蘿藦（*Metaplexis japonica*）的果實和種子

這就是演替。

那麼在沒有任何植物的土地上，植物會依據何種順序定居呢？這樣的土地上幾乎沒有有機物，只有泥土存在。直接受到雨水或陽光的影響，如果雨下得大，泥土容易被沖刷掉，而強烈的陽光照射會使土壤變得非常乾燥。在這種貧瘠的土壤中，邁出第一步的是地衣類和苔蘚類，其次是有孢子和種子的蕨類和種子植物。而在種子植物當中，以種子有毛或長有翅膀，可乘風遠行的植物種類得以落地生根，如中國芒（*Miscanthus sinensis*）

蒲公英 *Taraxacum platycarpum*

或蒲公英、蘿蔖等物種。如此般迅速形成草原的植物，稱為開拓者。這些植物在反覆生根、成長和死亡的過程中，昆蟲與動物會隨之而來，土壤裡的水分和有機物也會逐漸增多。

漸漸地，直接觸及土壤的陽光照射量也日益減少，成為更加肥沃的土壤。此後，灌木矮樹開始慢慢扎根，草原變成了森林。如果松樹、樺樹（*Betula platyphylla*）等喜歡陽光的高大樹木成長茁壯且樹蔭多的話，像是幼時就喜愛在樹蔭多的樹木下生長的櫟樹或山茶樹等，最終就能覓得其定居之處。因此，觀察生長在一個地區的植物種類，大略能預測出該地區處於何種狀態，今後將會長出什麼樣的植物。

這種演替過程是普遍出現在韓國等溫帶地區的森林植群形態。若是水分多的溼地或氣溫極高或極低的地區，演替階段出現的植物就會有所差異。溼地方面，各種水生植物依序登場，腐蝕質堆積後，水的深度會降低且陸域化。那麼自那時起，就進入了陸域植物的演替過程。

　裝飾演替最終階段的植物會隨
著地區別而不同。沙漠地區是仙人
掌類，寒帶地區是針葉樹，極地地
區是由草本類植物最後佔得一席之
地。到了最終階段，只要環境沒有變
化，生物種類就不會發生大的變化。
這種穩定的狀態被稱為「極盛相群落
（climax community）」。此階段是該
地區之真菌、動物、植物等生物量最
多的均衡狀態。生物的出生和死亡量
相近並達成均衡，群落不再擴大。

　當然，很少有在自然中連一株
植物都沒有的土地狀態下能生成的
植物。因為完全不長植物的土地相
當罕見。至少也有青苔類會佔據著

土地。在完全沒有植物的狀態下產
生的演替，稱為「初級演替

（primary succession）」。例
如熔岩流過的土地般的特殊

有翅膀的針葉樹種子：松樹、日
本南部鐵杉（*Tsuga sieboldii*）、
花柏、北美香柏（由上而下）

情況下可以觀察得到。一般來說，常見的是「次生演替（secondary succession）」。山火、洪水或人類干涉導致某種程度的破壞後，在少數植物生存狀態下產生的演替，被稱為次級演替。

我在碩士時期，參與過韓國國歌──〈愛國歌〉中曾經登場的南山松樹保育工作。當時我扮演的角色是在棲息於南山的多種樹木中，以松樹為主，篩選出必須培育與砍伐的樹木。事實上，松樹在韓國並不屬於巔峰群集的物種。因為在喜歡陽光的松樹之後，還有耐蔭的櫟屬類植物可裝飾最後一層。如果人類不干涉的話，韓國首爾的南山最終會成為以櫟樹取代松樹的山。所以，為了守護松樹，必須砍伐很多其他種類的樹木。

從植物的演替過程來看，可以得知，任何階段都不會是毫無前一階段就突然出現。經由土壤的水分和有機物的堆積，在與其他生物物種的競爭中，自然地分階段形成，最終達到生物量最豐富的均衡狀態。

在共同生活的社會中，我們也無法避免競爭。但是，如果能像演替過程一樣，所有階段都像是必然且均

衡的自然循環，那麼最終就能創造出無數形形色色的人
都能和諧共處地生活的美麗社會。

一朵
菊花

匙葉紫菀（海菊）*Aster spathulifolius*

這是屬於菊科的多年生草本，主要生長於韓國海岸邊的懸
崖峭壁上。耐乾旱及耐鹽，生命力強。整體柔軟的絨毛密
密麻麻，莖斜生，有粗根。七至十月，在枝梢末端有直徑
為三點五至四公分的頭狀花序，舌狀花為淺紫色。

說起一朵菊花，就會想起盛開得令人垂涎的花。但是這朵花其實不是一朵花，而是數十朵小花聚集在一起。如果覺得不太貼切的話，試著想一下向日葵吧！向日葵也是菊科植物，跟菊花只有花的大小不同，形態和結構都差不多。向日葵花凋謝後，可以看到密密麻麻的種子，那是形成向日葵的小花們，各自結出的種子。

　　蒲公英、波斯菊、萵苣（*Lactuca sativa*）、一年蓬（*Erigeron annuus*）、小薊（*Cirsium japonicum*）、大麗花（*Dahlia pinnata*）有一個共同點。雖然乍看之下沒有什麼關係，但是它們都是菊科（Asteraceae）植物。Asteraceae是源自古希臘文的單字，意指星星。因為小花聚在一起的樣子，就像星星似的，所以創造了這個

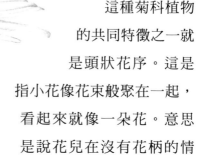

匙葉紫菀（海菊）的頭狀花序
剖面和總苞（involucre）

單字。

這種菊科植物的共同特徵之一就是頭狀花序。這是指小花像花束般聚在一起，看起來就像一朵花。意思是說花兒在沒有花柄的情況下，密密麻麻地聚在莖尖上，形成頭型。我們稱之為「一朵菊花」的花，就是這個頭狀花序。

從菊科的頭狀花序中摘下一朵小花來看的話，形狀像牽牛花（*Ipomoea nil*）。與花瓣一片片分開的分支花形態相反，這種頭狀花序的花瓣是由合瓣組成，被稱為「合瓣花（gamopetalous flower）」。然而，向日葵的周圍是一瓣一瓣的花瓣，所以很多人會認為它似乎是分支花。總結來說，周圍看起來像花瓣的東西，也是各自的小花，內側和外側的花的模樣不同，外側的花看起來像花瓣，內側密密麻麻地長得像燈籠花模樣的圓花，叫做

筒狀花和舌狀花

由筒狀花和舌狀花兩種花組成的匙葉紫菀（左）
和只有一種舌狀花的苦菜（右）

筒狀花[*]。

　　向日葵外側周圍看起來像花瓣的花，使其整朵花像舌頭一樣伸展開來。這種形狀不對稱的花叫做舌狀花[**]。向日葵的內側是密密麻麻的筒狀花，外側是看起來像花瓣一樣的舌狀花，相當於擁有全部的頭狀花序。相反地，蒲公英和苦菜雖然都是頭狀花序，但是只有舌頭形狀的舌狀花成群。蒲公英就像向日葵一樣，裡面和外面的花的模樣無法區分，看起來像是聚集了很多花瓣

[*]　筒狀花：花瓣相互黏連成圓筒狀，末端略微裂開的對稱花。
[**]　舌狀花：整朵花的一部分長成舌頭狀的花。

的重瓣花。

　　頭狀花序還有其他的祕密。頭狀花序下方有看起來像花托的部分，其實這部分不是花托。支撐頭狀花序的這部分被稱為「總苞」，是保護與一朵花樣形態相同的頭狀花序的部分。那麼真正的花托在哪裡呢？花托應該在花瓣的正下方。所以實際上不是頭狀花序，而是應該放在構成頭狀花序的各個小花下面。蒲公英的情況是，如果有種「呼」一下就能幫助種子飛得更遠的絨毛，這個部分就是花托，位於花瓣正下方，先落在種子上，當花瓣凋謝後，就展開這片輕盈鬆軟的絨毛，將懸掛在下方的種子帶到別處。具有獨特形態和作用的花托，又被稱為「冠毛」。鬼針草等菊科植物的冠毛呈刺狀或鉤狀，可附著在動物或人的衣服上，發揮傳播種子的作用。相較於其他植物的綠色花托具有保護花的

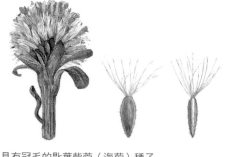

具有冠毛的匙葉紫菀（海菊）種子

匙葉紫菀（海菊） *Aster spathulifolius*

作用，菊科植物的冠毛，則進化成具有傳播種子的功能。

跟人類一起生長，目前在地球上最繁盛的植物群是被子植物。被子植物中蘭科和菊科所佔比重最大。據推算，所有生活在韓國土地上的植物約有三千五百種，最多四千種。但是全世界屬於菊科的植物約有三萬兩千種，比生活在韓國的所有植物種類都要多。菊科植物具有從草、矮樹叢、高樹到藤蔓等多種形態。它生長於亞寒帶到熱帶地區，尤其能抵抗乾燥的氣候。

菊科植物之所以能在地球上生生不息，主要有兩個重要祕訣。一是它聚集了很多小花，形成頭狀花序的獨特形態，二是花托變形成為冠毛。聚集了大量的小花，看起來像一朵大花，可以輕鬆吸引水媒介者，同時也能一次性進行很多受精。此外，冠毛幫助種子飛向遠方，同時阻礙動物吞噬種子，提高了生存能力。一朵菊花的祕密就是菊科植物在地球上繁衍的祕訣。

看到這些菊花或向日葵，就會覺得和我們生活的社會、共同體很相似。就像為了生存而聚集的小花一樣，我們為了生存而聚居在一個屋簷下。看著在一起

綻放的菊花，我也想和一起相處的人，共同實現更偉大的成長。

澤八仙花花瓣的祕密

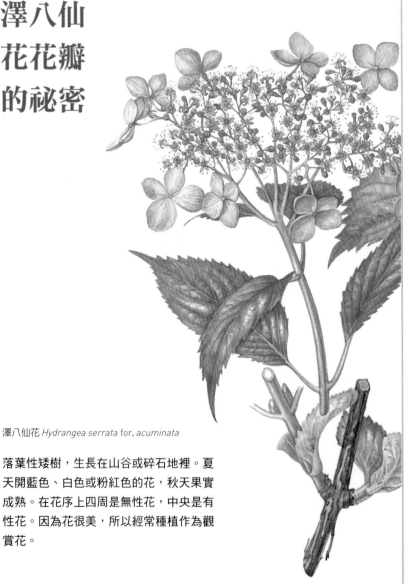

澤八仙花 Hydrangea serrata for. acuminata

落葉性矮樹，生長在山谷或碎石地裡。夏
天開藍色、白色或粉紅色的花，秋天果實
成熟。在花序上四周是無性花，中央是有
性花。因為花很美，所以經常種植作為觀
賞花。

這是在單一個體中開出三種顏色的植物，有綠花、紅花、白花。雖然花的顏色不同，但是都是一樣的植物，這就是每到夏季，我們就會經常看到的繡球花。雖然都是繡球花，但是開出不同顏色花朵的理由很簡單。大家在學生時代應該都做過石蕊試紙的實驗。石蕊試紙在酸性溶液中變成紅色，鹼性溶液中變成藍色。繡球花也像石蕊試紙一樣，根據自身吸收的水的酸度，綻放出不同顏色的花朵。繡球花在酸性環境中開出綠花，在鹼性環境中開出紅花，在中性環境中開出白花。如此般，植物的花瓣裡隱藏著饒富趣味的故事。

　　幾年前，有人委託我畫澤八仙花。因為他很喜歡澤八仙花，所以說想要擁有一幅畫。澤八仙花是和我們常

見的繡球花相似的植物。可以說是野生繡球花。它主要分布在韓國江原道以南地區，生長在山間溪谷或潮溼的土地上，在初夏開花。因為灌木叢長到人頭那麼高，所以花開起來正好，當作觀賞樹很受歡迎。

我因為被委託畫澤八仙花而陷入了苦惱。我想用我畫的植物科學圖鑑來表現委託者想要的澤八仙花之美。我畫的植物畫是科學插畫，因為是用於研究植物的學術繪圖，呈現了植物的一生和所有相關資訊，包括根據土壤的酸度而變化的花瓣顏色在內，從種子受精、產生花苞，乃至結出果實的所有過程進行調查和觀察。因此，我開始思考在畫框之內，如何呈現出委託人所期盼的澤八仙花之美。因為委託我畫畫的人可能會期待澤八仙花的綠色花朵像花束一樣盛開。但是，在科學家眼中，並不會認為植物有特別美麗的部分。

仔細觀察澤八仙花，可以發現它是由兩種花組成。從花朵聚集的內側來看，裡面有非常小的花，邊緣則有大而華麗的花。邊緣的花稱為無性花或假花，裡面的花可以結出果實，因此被稱為有性花或真花。再仔細看的

澤八仙花 *Hydrangea serrata* for. *acuminata*

真花（左）和假花（右）

話，裡面小小的真花可以看到雌蕊和雄蕊。但是邊緣的假花沒有雌蕊和雄蕊。這就是假真花所具備的不同使命。假花為了吸引蜜蜂和蝴蝶，開得又大又美，但負責繁衍後代的卻是真花。真花受精後，假花就會把頭朝下，變成綠色，以發揮葉子的作用。

　　我們常見的繡球花的一生則與此不同。因為繡球花是人類用澤八仙花中大而華麗的假花培育而成的園藝品種。因此，繡球花不像澤八仙花，絕對不可能結出果實。

低頭的假花

澤八仙花依據土壤酸度變化的花朵顏色

後來，我終於完成了委託人的期待，除了綠花瓣達到巔峰的澤八仙花的形象之外，還描繪了假花認真地完成了自己使命的過程，以及根據土壤酸度而各具色彩的花朵，從花苞到結出種子的澤八仙花一生。取而代之的是，構圖是按照委託人所希望的方向進行特別的組合，誕生了大家都滿意的澤八仙花的畫作。

擁有假花的植物中，有些命運與繡球花相似。它是叫做「天目瓊花」的植物。因為花長得像佛頭，又被稱為「佛頭花」。這種植物也是人類為了讓佛頭花像繡球花一樣只開假花而培育出來的園藝品種。

事實上，佛頭花與繡球花在演化系統上並不算近。

若說是人類將這種形態變成了親戚也不為過。佛頭花的學名叫*Viburnum opulus* for. *hydrangeoides*。也就是在歐洲莢蒾的學名*Viburnum opulus*上，加上了for. *hydrangeoides*，成為與繡球相似的品種。for.指品種，*hydrangeoides*指繡球屬，源自*Hydrangea*。

　　事實上，如同繡球花和佛頭花一樣，被人類親手改造的植物，在我們周圍隨處可見。在花店或庭院中常見的重瓣花中，很多不是自然出現在地球上的野生物種。為了讓人類感受到美麗的野生單瓣植物，很多植物都被改造成雙瓣植物，代表性的例子就是玫瑰。我們看到的玫瑰雖然層層疊疊地疊加著無數花瓣，但是可視為玫瑰野生種之一的薔薇，只有五片花瓣，康乃馨也是一樣。用這些園藝物種來算「我愛你」「不愛你」的花卦，摘完花瓣後，裡面沒有雌蕊和雄蕊的情況很多，因為連雌蕊和雄蕊也是人類用花瓣製成，或者因為不是漂亮的部分，所以乾脆把它去除了。

　　用大而華麗的假花組成的繡球花，以及像蕾絲禮服一樣，花瓣層層疊疊的玫瑰花，是否依然讓人覺得美麗呢？

大自然製造的假花與人類製造的假花不同，它對植物在地球生存，發揮了不可或缺的作用。真花和假花對澤八仙花來說都非常重要。我們是不是也像澤八仙花的假花和真花一樣，各自都有自己的位置和作用。外表可能華麗，也可能寒酸。如果因為外表，所有人都扮演同樣的角色，就會像園藝品種一樣，讓人感到奇怪和悲傷。從澤八仙花身上，我學到了在各自的位置上克盡職責，一起和諧生活的方法。

重瓣玫瑰

達爾文
鍾愛的
蘭花

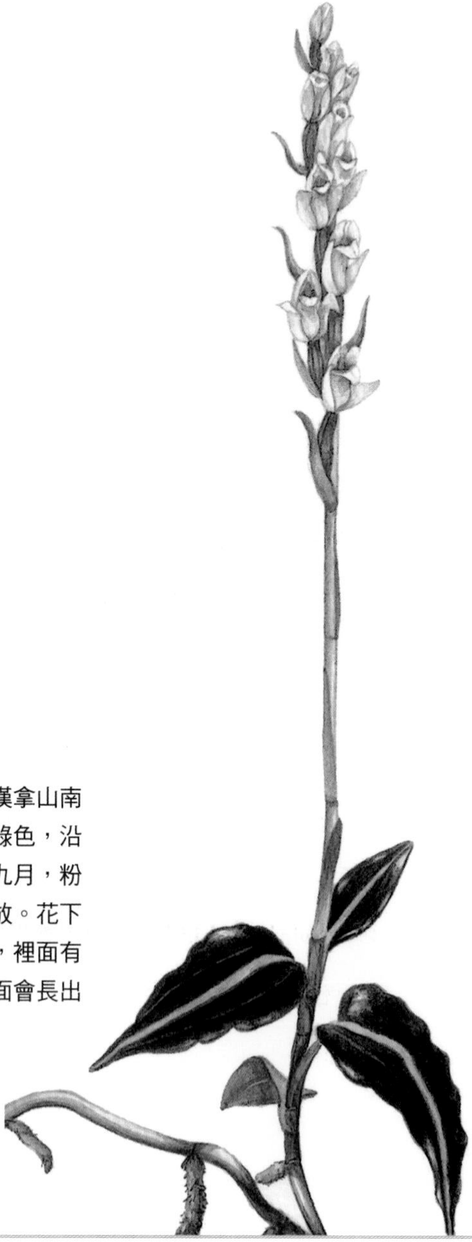

絨葉斑葉蘭 *Goodyera velutina*

屬於蘭科，生長在韓國濟州島漢拿山南
側的樹林中。葉子是泛紫的深綠色，沿
著中央葉脈有白色條紋。八至九月，粉
紅色或淺褐色的花朝向一側綻放。花下
方的花瓣底部像桶子一樣鼓起，裡面有
毛。果實成熟後就會裂開，裡面會長出
粉狀的種子。

通常最進化的植物或動物都是特定的，但是研究現有多物種的學者很難單純地斷定哪個物種是最進化的。從某種意義上說，截至目前為止，所有活著的物種都是最進化的。但是其中最進化的分類群之一，就是蘭科植物。其理由是透過多種形態和生存方式，在地球上創造了眾多子孫，並且適應下來。蘭花是植物分類群中最多種形態的花卉，這種花的形態與進化密不可分。

　　有一種叫做「大彗星風蘭（*Angraecum sesquipedale*）」的蘭花。它的學名有點難，也被稱為「達爾文的蘭花」（Darwin's orchid）。這種蘭花是只生長在馬達加斯加的特有種，一八〇〇年代由某法國植物學家發現。

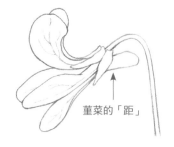

菫菜的「距」

這種蘭花的花被後面有一個叫做「距*（spur）」的突出部位，「距」的長度達三十公分左右。達爾文看到這種蘭花之後，推測會有一種昆蟲的嘴巴，可以從「距」的入口伸入，然後碰到有著蜜腺「距」的底端。對於光是昆蟲的嘴巴就有三十公分長的說法，當時的昆蟲學者都半信半疑。

但是在達爾文去世二十一年後，真的發現了食用這朵花的花蜜，並且移動其花粉，嘴長達三十公分的鱗翅目天蛾科的馬達加斯加長喙天蛾（*Xanthopan morganii*）。

因此，達爾文的蘭花和馬達加斯加長喙天蛾成為說明相互影響、共同演化的代表性案例。蘭花在提供花蜜的同時，尋找能將花粉帶走的媒介者。但是與此同時，應該排除只吸取蜂蜜，沒有發揮媒介作用的昆蟲。

為了尋找適合為自己工作的媒介，將自己的樣子變

---

* 距（spur）：花托或花冠的一部分長而細地向後伸展的突出部位，大多是空心或有蜜腺。

形成適合昆蟲的樣子，而昆蟲也符合花卉的自我變形，這就是所謂的共同演化（Coevolution）。

　　還有一種叫做「蜂蘭（Bee orchid）」的蘭花，它們通常隸屬於蜂蘭屬（*Ophrys*），這些植物的花瓣圖案和蓬鬆的絨毛等，長相就像給花朵受精的蜜蜂。更有趣的是，這朵花不僅長得好看，還散發著與蜜蜂的費洛蒙一樣的香味。花是為了讓移動花粉的雄蜂喜歡而呈現雌蜂的樣子，散發雌蜂的費洛蒙。這些蘭花開花的時間很短。所以要在短時間內高效準確地移動花粉。因此，用雌蜂的模樣和香氣，吸引雄蜂準確地搬運花粉。

　　還有一個故事可以說明蘭花和昆蟲的特殊關係，那就是雄蜂為了雌蜂，噴灑了從蘭花中獲得的香水的故事。這是指「蘭花蜂族（Euglossine bee）」的蜜蜂和屬於蘭花科下游分類群之一樹蘭亞科（Epidendroideae）各種蘭花之間的關係。蘭花提供雄蜂散發香氣的物質，也藉此讓牠們傳遞花粉，雄蜂則收集蘭花散發香氣的物質在腿上，用於誘惑雌蜂。蘭花蜂族和樹蘭亞科蘭花之間，各有適合對方的另一半。

絨葉斑葉蘭 *Goodyera velutina*

每一種蘭花根據準確傳遞自己
花粉的雄蜂，製作不同的香味。雄
蜂只會去訪問擁有自己所需香味
的蘭花種類。因此，蘭花可以準
確地把花粉傳遞給與自己相同種
類的蘭花。為了適應製造自己所
需香味的蘭花，雄蜂的腿形變得很
獨特。蘭花不僅能製造適合雄蜂的香

絨葉斑葉蘭花
朵中的花粉團

味，而且形狀也適合雄蜂著陸。有趣的是，製造這種香
氣的蘭花不生產花蜜。因為雄蜂從蘭花中所需要的是香
氣，而不是花蜜，所以它進化成了香氣。蘭花和蜜蜂們
互相配合共同演化，讓人無法得知是誰先需要誰。

蘭花與其他植物不同，花粉不會散落成粉末，而
是黏稠地凝結成塊。所以比起隨風飄散或將粉末沾在水
媒介者的手中，蘭花的花粉進化成團塊，讓昆蟲或動物
能夠確實地移動它。此外，它的花粉末端形成黏稠的黏
合部分，也讓傳粉者能更加貼合。花粉團的形狀或是昆
蟲身上黏貼花粉團的位置，也是精心規劃過，以便在到
達下一朵花時，能夠準確黏貼在雌蕊上。蘭花為了讓適

合自己的傳粉者順利著陸，製作宛如飛機跑道般花瓣的圖案，反射出昆蟲容易辨認的光芒，散發出其喜歡的香氣。

蘭科植物分布在全世界大概有兩萬種左右，約佔種子植物總數的百分之八。蘭科和菊科並列為各種種子植物中最大的分類群，說明蘭科植物已經相當適應地球的環境。由於其卓越的適應能力和進化，蘭花具備了多種形態。特別是花形爆發的多樣性，這是蘭花與其有特殊關係的傳粉者相互適應並發展出來的共同演化結果。

人類會根據與我建立關係的人的差異，朝著什麼方

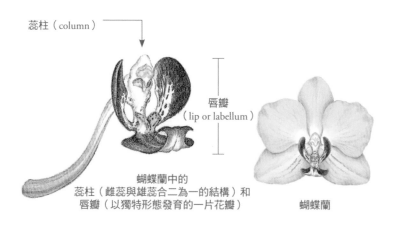

蕊柱（column）

唇瓣
（lip or labellum）

蝴蝶蘭中的
蕊柱（雌蕊與雄蕊合二為一的結構）和
唇瓣（以獨特形態發育的一片花瓣）

蝴蝶蘭

向創造什麼樣的演化歷史不得而知。為了發展豐富的人際關係，若能觀察自然界的共同演化法則，說不定會很有用呢！

染紅
地球的
植物們

紅楠 *Machilus thunbergii*

這是生長在韓國鬱陵島和南部地區的常綠樹
木。葉子肥厚，正面有綠色光澤，背面是泛
著灰光的綠色。五月時同時長出紅色的新葉
和黃綠色的花。隔年七月至八月，果實成熟
變為藍色或紅黑色，開花時曾為黃綠色的果
實枝柄，之後會變成紅色，形貌相當美麗。

大仲馬（Alexandre Dumas，一八〇二至一八七〇）是眾所周知的小說《三劍客》和《基度山恩仇記》的作者。那麼，你看過他的另一本小說《黑色鬱金香》嗎？這部我們較不熟悉的小說之所以有趣，是因為它包含了園藝家們開發黑色鬱金香的嘗試。現在，我們是透過基因改造直接改變植物形態。但是在以前，直到出現我們想要的形態的後代為止，會採用好幾代的植物進行交配的方法。為了產出黑色鬱金香，在各種鬱金香中，讓具有深紫色的個體之間交配，然後在下一代中，選擇顏色更深的品種交配。這個方法要經過好幾代，所以需要很長的時間。這部小說描述了人類對經過長時間努力才能得到黑色鬱金香的渴望和現象。

　　如果沒有植物，地球的顏色該有多單調啊！其中，如果沒有植物的綠色，地球上的很多東西都會有所不

同。雖然也有像寄生植物一樣不是綠色的植物，但是我們一般認為植物是綠色的。定義綠色植物的最大特點是具有葉綠素的葉綠體。這種葉綠素是綠色的本體。在我們眼中，植物之所以看起來是綠色的，是因為植物使用藍光和紅光，所以反射出綠色。如果在可視光線中選擇藍光和紅光照射到植物身上，植物會同時使用兩種顏色，看起來就是黑色的。

擁有葉綠素的葉綠體是將光能轉化為化學能的工廠。把光能轉換成化學能，在身為動物的人類看來，是非常了不起的事情。甚至覺得獵取光來用於自己的生存，就像是從無到有一樣。因此，綠色也是生命的象徵。

據說，擅長畫植物的畫家，也是擅長畫綠色的畫家。人們關心和愛護植物的時候，大部分都是在它開花結果的時刻。而畫植物的畫家們，相較於葉子，對花和果實也是傾注較多精力。但是植物的主色是綠色，每個物種、每個時期都有各式各樣的綠色。

與綠色相關的葉綠素中，包括葉綠素a和葉綠素b。此外，與黃色、紅色、褐色相關的，還含有類胡蘿蔔素（carotenoid）、花青素（anthocyan）等色素。秋天出現

紅葉的原因，是葉綠素遭到破壞，上述這些物質也參與其中。

　　植物中顏色最多彩的部分是花和果實。花和果實並不是為了顯眼而呈現出五顏六色的模樣色。它們的顏色往往是誘惑色。為了吸引幫助花的受精或移動種子的昆蟲或動物，而展現出華麗的色彩。例如矢車菊（*Centaurea cyanus*）、寬苞翠雀花（*Delphinium maackianum*）等藍色和金黃色的花、油菜花等黃色的花，都是蜜蜂喜歡的顏色。紅花石蒜（*Lycoris radiata*）或卷丹（*Lilium lancifolium*）等紅色系的花是**蝴蝶喜歡的顏色**。與蜜蜂不同，**蝴蝶**可以看到紅色，還有鳥兒也喜歡紅色，所以綠繡眼會幫助紅色山茶花受精。秋天的果實大都呈現紅色的原因之一，在於紅色與葉子的草綠色形成鮮明對比色，即使是在下雪的冬天，也會成為鳥類的食物，藉此可以傳播種子。

重瓣八仙花（*Hydrangea serrata* for. *coreana*）的藍花

茅莓的果實 *Rubus schizostylus*

濟州島小檗（*Berberis amurensis* var.
quelpaertensis）的果實

　　植物的果實大多是綠色，成熟後變成紅色、黑色、
黃色等多種顏色。果實成熟之前，它會隱藏在跟葉子相
同的綠色中，直到最後才呈現不同的顏色。因為種子還
沒成熟的時候，要保護到種子長成為止。但是種子做好
了迎向世界的準備後，需要招來昆蟲或動物，所以果實
會變成顯眼的顏色。

　　春天發芽時，有時幼芽的顏色不是象徵葉子的綠
色。牡丹或芍藥長出深紅色或紫色的芽。這些幼芽起初
不是綠色的原因，一方面是尚未做好光合作用的準備，
另一方面則是為了保護脆弱的幼芽免受紫外線的侵害。
另外也有些植物的種子長成之後，不是綠色，而是紅色

圓葉海棠（*Malus prunifolia*）的果實

或褐色，這是為了偽裝成周圍的泥土或岩石的顏色，以避開天敵。種子顏色是珊瑚色的半荷包菫（*Corydalis hemidicentra*）或長得像小石塊狀的生石花屬（*Lithops*）的植物種子，與周圍泥土或石塊顏色相似，不容易找到。

在我們人類的眼中，可以看到彩虹色的可見光。所以會將這些顏色用在我們的日常生活中。但是植物還懂得利用紫外線。因為與它們關係密切的昆蟲們除了可見光之外，還會看到紫外線。諸如驢蹄草（*Caltha palustris*）一樣的毛茛科植物，或是蒲公英等菊科植物，會利用紫外線製造出我們人類看不見，但是昆蟲眼中可以看到的花紋或標誌。植物使用的顏色還有透明色。植

物的毛、刺或葉子的特定部分，會用透明色反射或透射光線，提高植物獵取光線時的效率。

你知道胡蘿蔔漂亮的橘黃色，本來不是胡蘿蔔的顏色嗎？胡蘿蔔本來是白色或紫色的。橘黃色的胡蘿蔔是為了提高營養價值，使它在人類的眼中顯得更好看。所以胡蘿蔔的橘黃色與胡蘿蔔在地球上生存沒有任何關係。但是有別於胡蘿蔔，野生植物所具有的所有顏色都有其精巧的理由。

各色各樣的
山葡萄果實

我是什麼顏色呢？我周圍的人是什麼顏色呢？我將以多彩的顏色生活，讓人生變得多彩多姿嗎？希望我們也能像為地球上色的植物一樣，為自己的人生塗上繽紛的色彩。

CHAPTER 5

森林之心

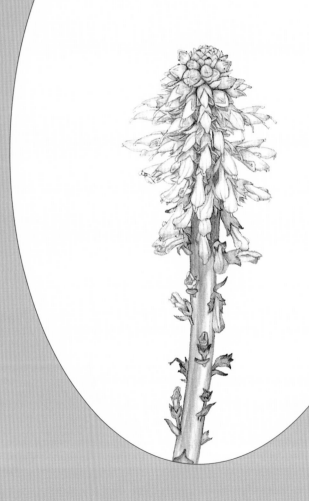

從氣孔
展現的
世界

阿拉伯芥 *Arabidopsis thaliana*

這是屬於十字花科的二年生植物,生長
在田野或山腳下。從發芽到結實為止,
生命週期很短,容易產生突變體,在多
種植物學研究中被當作模式植物。春天
開花,花形為白色的十字狀。

我小時候經常站在楊樹下，仰望隨風飄動的葉子好一陣子，想像著雖然看不見但是快速流竄的水分和氧氣分子，並且認為若是我們的眼睛能夠看到分子，一定會非常壯觀。

　　實際上，一棵大橡樹在一年內可以釋放約十五萬公升的水，一天會釋放約四百一十一公升的水。如果親眼看到四百一十一公升的水透過樹葉向空氣中擴散，將會非常壯觀。這種現象稱為「蒸散作用（transpiration）」。這種作用發生在葉片上的小氣孔中，透過氣孔不僅能移動水，還能移動氧氣和二氧化碳。讓我們來談談植物與世界溝通的小孔——氣孔中所蘊含的不為人知的故事吧！

　　氣孔的英文叫做「stoma」，源自希臘文中「嘴」的

阿拉伯芥的氣孔（左）和
禾本科植物的氣孔（右）

意思。回想一下我們在學校上生物課或實驗課時，透過
顯微鏡看到氣孔的樣子吧！氣孔由兩個細胞組成，看起
來像嘴唇或四季豆的兩瓣。但是氣孔細胞由主要細胞和
輔助細胞組成，根據植物的不同，細胞的數量、形態或
排列方式也相當多樣。有的長得像星星，有的看起來像
玫瑰花，位置通常在葉子的背面。

　　當然，大部分植物在葉子的背面有很多氣孔，但
是單子葉植物在葉子的正面或兩面都有氣孔。雙子葉植
物中也有諸如柳樹屬和楊樹屬的這類，在葉子的兩面
都有氣孔的植物。另外，像睡蓮或紫萍一樣，葉子浮在
水上的水生植物，正面就有氣孔。不僅是葉子，還有
像唇形科（ Lamiaceae）的彩葉草（Coleus blumei）一樣
在莖上，豆科植物如長角豆或豌豆一樣在根部，茶藨
子科（Ribes）的紅醋栗（Ribes rubrum）或黑醋栗（Ribes
nigrum）等在果實中發現氣孔的植物。

阿拉伯芥 *Arabidopsis thaliana*

也有些是像稀脈浮萍（*Lemna perpusilla*）和歐亞萍蓬草（*Nuphar lutea*）這類植物，即便有氣孔，但是隨著演化而完全失去功能的情況。當然也有無氣孔的植物，例如完全淹沒在水中的金魚藻等水草，或者是在不進行光合作用的情況下，從死去的生物身上獲取營養而生存的水晶蘭或腐生蘭。植物為了光合作用，必須吸收二氧化碳，但是若不進行光合作用，就不需要氣孔。

　　最近像養寵物一樣，也常用「養盆栽植物」這個名詞。也就是說，在家裡栽種植物的人很多。有人說看到綠色的植物會感到安慰、覺得舒適，也有人期待藉由植物淨化空氣、去除微塵及提供氧氣。當然，正如各種研究結果可以得知，一、兩盆植物很難獲得我們所期待的效果，但是透過植物的蒸散作用，可望達到加溼效果。

　　植物為了交換氣體，當氣孔打開時，水分會蒸發，一般氣孔的總面積約佔葉子的百分之五以內，但是葉子的水蒸氣損耗率，最高可達百分之七十。植物在打開和關閉氣孔時，受空氣中的二氧化碳濃度、光的強度、溫度等多種因素的影響。人們通常認為，當陽光越強，光

合作用就越活躍，為了排出此時產生的氧氣和水分，氣孔就會越開越大。

然而，氣孔的開闔並沒有那麼簡單。若是陽光太強，溫度升高，變得乾燥的話，植物反而會關閉氣孔。因為水分過度流失會威脅到植物的生存。因此，全球暖化對植物的影響相當巨大。大氣溫度上升幾度在人類看來似乎微不足道，但是會嚴重影響植物的氣孔開闔。植物的蒸散作用得到抑制，空氣中的水分就會減少，進而改變大氣溼度，並且逐漸改變地球的環境。植物的氣孔關閉，可能給地球帶來巨大的變化。

所以透過氣孔的細微移動、密度和大小等，可以觀察及預測植物的進化和地球環境的歷史。氣孔在植物的演化階段中，首次出現在陸地植物上，之後隨著地球環境的變化不斷演化。在地球二氧化碳濃度高的時期，植物的氣孔數量很多。從氣孔分布中可以看出生長在澳大利亞的山龍眼科（Proteaceae）其兩種植物群的進化。在地球乾燥的時期，具有深埋在葉子組織的氣孔的植物群較為繁盛，隨著地球溼度提高，則在葉子表面露出更深的氣孔的植物分類群較為繁盛。

屬於禾本科的大狗尾草（*Setaria faberi Herrm.*）、金狗尾草（*Setaria glauca*）、
海濱狗尾草（*Setaria viridis* var. *pachystachys*）（左起）

　　另外，氣孔細胞的形態也隨著環境而進化。禾本科
植物的氣孔進化成了啞鈴形狀，與一般嘴唇形狀不同。
這種形狀可以用較少的能量，更快且更大地打開氣孔。
啞鈴形的氣孔對禾本科植物擺脫熱帶雨林、覆蓋草原、
快速因應乾燥氣候，發揮決定性作用。雖然看似靜止不
動，但是植物不分晝夜辛勤地工作，透過氣孔這個小小
通道，不斷地與世界溝通。

　　氣孔這個小小的窗口，不僅使植物能迅速因應環境
的變化，還能給地球帶來巨大的改變。我們也像植物一

樣，不斷與世界溝通。希望大家也像一棵樹一樣思考一下，我們的小小行動將會帶來什麼樣的變化。

根的
思維

馬鞭蘭 *Cremastra variabilis*

這是主要生長在樹林裡的蘭花，高三十至
五十公分。鱗莖圓潤如念珠，常被用作藥
材，有抗癌效果。花莖從鱗莖旁邊筆直地
升起，五至六月間，會開出十五至二十朵
淡紫色的花。

「根深之木，風亦不扤，有灼其華，有蕡其實……」這是《龍飛御天歌》（譯註：韓國朝鮮王朝訓民正音頒布後，第一首用諺文寫作的詩歌）第二章的第一句。此處所出現的根、木、花、風、果等，可說是朝鮮建國的試煉和偉大的象徵。這篇文章從植物學的角度看也很有趣。淺根可能有利於吸收地表的水分，但是容易因乾燥和寒冷而倒下。根深蒂固的樹木可以穩定而結實地培養出地上的樹幹。接下來我想談談將植物固定在地面上，從土壤中吸收水分和養分，有關於根部的隱藏版故事。

　　先來問一個問題吧！植物也有大腦嗎？

　　這是我去演講時偶爾會問的問題，來聽演講的人

馬鞭蘭 *Cremastra variabilis*

反而給出了奇特的答案，所以最近我經常先提出問題。查爾斯・達爾文和他的兒子弗朗西斯・達爾文在《植物的行動力量》（The Power of Movements in Plants》一書中說：「植物的根和低等動物的大腦一樣。」這個假設叫做「根腦（Root-Brain）」，是達爾文的假設中最具爭議的部分，被忽視了一百三十多年。但是根部的生長和敏感的方向性，以及對溼度和光、重力的感知能力，確實讓人想起了像蚯蚓一樣生活在土壤中的低等動物的行為模式。因此，最近「根腦」的假說再次受到關注。

達爾文為了確認根的作用，採取各種方法實驗，包括按壓或切斷根尖、用火焚燒，並觀察根部如何伸展與移動，以及對其他根部產生何種影響。另外，他還比較了根部遇到堅硬和柔軟物體時的變化，針對根部對於水分、陽光、重力的反應也進行了實驗。他發現根部會避開陽光，感知到地心引力的方向並延伸至地下，還會尋找有水分的方向，遇到

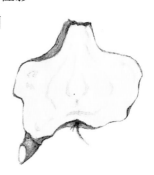

馬鞭蘭的鱗莖斷面

堅硬的物體時，也會避開它而環繞著走。

多種實驗結果顯示，根部處於眾多選擇的十字路口，為了做出有利於植物生存的選擇，必須不斷地思考和決定。後來科學家們又進一步發現，這種選擇的過程中，植物激素、酶、多種蛋白質和複雜的信號傳遞體系都參與在內。

小時候，每當我看到大樹，都會很好奇隱藏在樹底下的根，到底會伸展到什麼程度。雖然有人告訴我，樹根的範圍就像長在地上的樹枝那麼大，但是看到長在狹窄人行道地磚上的林蔭樹，我就覺得樹根不可能伸展得那麼長。根據研究報告，迄今為止最長的樹根是被稱為「牧羊人樹」或「牧羊樹」的*Boscia albitrunca*。這種在非洲南部卡拉哈里沙漠中被發現的樹，具有約七十公尺長的根。科學家們一直在研究找出根部長度的方法。最初提出樹根長度說法是等同於樹木的頂蓋，亦即像屋頂一樣展開，大約是地上樹枝和樹葉半徑的二至七倍，但是隨著研究的進一步發展，現在則提出以樹墩為標準來計算根部半徑的方法。

二〇〇九年維吉尼亞大學理工學院的蘇珊‧戴伊

（Susan Day）和艾瑞克・威斯曼（Eric Wiseman）的研究團隊便指出，樹根的半徑是樹墩直徑的三十八倍。

接下來，讓我們來談一談具有獨特根莖的植物吧！有一種植物叫做茄蔘（*Mandragora*）。包括電影《哈利波特》系列在內，莎士比亞作品中登場的這種植物，其根部形狀非常像人。因此，經常在東西方不祥的迷信和傳說中被提及。據西方傳說，拔掉這種植物的根時，它就會發出慘叫聲，使拔它的人死去。這個奇怪傳說中的植物，就是屬於茄科的毒茄蔘（*Mandragora officinarum*）。當然，它不會像傳說一樣，即使根部被拔起也不會尖叫，過去還會當成草藥使用，但是它的根部有誘發幻覺、幻聽的物質，是需要特別注意的植物。

此外，還有會發揮獨特作用的根。在水仙花、葡萄風信子（*Muscari*）、風信子（*hyacinth*）等植物中常見的收縮根（constrictor）。收縮根附著在鱗莖下，鱗莖像洋蔥一樣，在地下部分的莖部肥大，初期在地表附近生長，容易在寒冷中結冰，被直射光線照射，空氣乾燥後，容易暴露在動物的視線之下。

所以發芽後，為了穩定生存，它會移動到地下深處，因此，收縮根會變為發達。收縮根在收縮和擴張的同時，會將周圍的泥土推向一邊，努力將鱗莖拉至深處。一般來說，如果根部發揮了將植物固定在地上的作用，那麼鱗莖的收縮根就是為了生存而轉移植物的根部。

另外，不僅在地下，還有從空氣中生出來的氣根。例如從附著在樹上的蘭花或紅樹林，以及附著在牆上的藤蔓植物上，都可以看到氣根。它們既有支持植物本體的作用，也有呼吸的作用。神奇的是，蘭花中擁有綠色氣根的植物，可以用根來進行光合作用。經常被養在家裡的風蘭或萼脊蘭，就是這樣的植物。除此之外，紅樹林還會在根部表面透過正（＋）、負（－）電荷來過濾鈉離子。寄生植物的根部附著在其他植物上，奪取其營養成分，水生植物的根部還具有從樹幹吸收水中缺乏的空氣之作用。如此看來，根的形狀不僅各式各樣，作用也不一而足。

根源、根基、根本……都是含有「根」字的單詞。對植物來說，根也是最重要、最深思熟慮的基礎。因

此，「根深蒂固」一詞可以成為「擁有透過深層思維獲得的堅實核心」之意。我覺得，人們也應該像植物的根一樣，成為擁有堅實核心、根基深厚的樹木。

利他性
的植物

水晶蘭 *Monotropa uniflora*

這是生長在森林中腐殖質多、潮溼之處的多年生植物。由於它不透過陽光進行光合作用，而是從真菌身上獲取營養，所以可以在黑暗的森林中成長茁壯。整體上是透明的白色，因為缺乏葉綠素而外觀沒有綠色。葉子退化成鱗狀，莖尖開出一朵朵白色的花。

常言道：「叢林法則是弱肉強食」，面對無情、競爭性的社會，人們常說「像叢林一樣」。但是，叢林真的是那麼無情的地方嗎？事實上，關於動物的利他心眾所周知，牠們會照顧相同族群或是養育其他個體的幼獸。甚至於在完全不同的物種之間，也會有互相保護的溫暖行動。

　　相比之下，植物被認為是只為了獲得水分、養分和陽光而競爭的生物。一般而言，若想進行某種情感交流，必須以溝通為前提。但是我們深知植物不會動彈，也不會有任何表達親密關係的行動或語言。然而，植物真的不能透過溝通來擁有利他心嗎？ 對此，科學家們發表了有趣的研究結果。

水晶蘭 *Monotropa uniflora*

大家應該很清楚「www」這個標記，它是「World Wide Web」的縮寫，對於每天接觸網路的我們來說，算是非常親切的標記。但是植物學家們提出了新版的www，那就是「樹木的全球資訊網（Wood Wide Web）」。這意味著植物和植物的根部所附著的眾多菌根，亦即真菌相互連結而形成網路以進行交流。也就是說，土壤中的真菌發揮了網際網路的作用。一般而言，植物和土壤中的真菌共生，植物提供真菌醣類，真菌則給植物帶來氮氣等營養成分。同時，這些真菌擔任連接植物和植物的聯絡人，提供通信服務。它們傳達環境變化、對外部侵略者發出警告，以及周圍有哪些植物等資訊。

據悉，現有植物的溝通方式主要在空氣中分泌化學物質。例如草食動物啃食葉子時，葉子釋放的化學物質，進而告知其他植物有捕食者。科學家們表示，相較於這種交流，Wood Wide Web更像全世界的網際網路連接網一樣巨大。

雖然很多人更關心樹木在地面上爭奪陽光的行動，但是加拿大不列顛哥倫比亞大學（University of British

根部纏著菌
根的水晶蘭

Columbia）的蘇珊・希瑪爾（Suzanne Simard）教授則更關心地底下發生的事情。她提出植物就是透過像蜘蛛網一樣錯綜複雜的Wood Wide Web來移動水分和無數物質，這就像是樹木的語言一樣發揮作用。她曾研究過給小樹苗提供營養成分的母樹，還有在死前將養分贈予周遭樹苗的樹木。

加拿大麥克馬斯特大學（McMaster University）的植物學家蘇珊・杜德利（Susan Dudley）是首次展示植物利他行動可能性的科學家之一，包括她在內的幾位植物學家提出了植物的利他性想法，但是長期以來很多植物學家認為這是奇怪的理論而漠不關心。蘇珊・杜德利研究了屬於鳳仙花科的北美鳳仙花（*Impatiens pallida*），並且發現了鳳仙花是透過區分其他植物來決定要展開競爭還是合作。

據說，該種植物透過根部來辨別周遭的植物是否是

同宗，如果是親族，則表現出合作反應；不是親族，則表現出競爭反應；也就是說，如果判斷為同宗，就會調整根、葉、高度等，在不妨礙其他個體成長的情況下實現共贏。這顯示了植物一直在進化，能夠區分具有與自己相似基因的植物，並幫助同宗生存和繁殖。

還有其他研究更證實了此一立論。有一種叫做「錦弁慶（*Kalanchoe daigremontiana*）」的植物，雖然名字可能有些陌生，但是若親眼看到的話，就會脫口說出「啊，這種植物！」發現它是熟悉的植物。這就是花店經常販賣的觀葉植物，名字叫「燈籠草（*Kalanchoe*）」。它的每片寬葉邊緣，都帶著小小的植物體和根部，給人留下深刻印象，所以看過一次就忘不掉。

「錦弁慶」就像它的外號「千生之母（mother of thousands）」一樣，母體會一直培育到葉子邊緣的小植物體完全能夠獨自生存為止。不知道是否適合將培育與自己具有相同基因的植物稱為利他性。如果比喻成人類，即使和我基因完全相同，也像複製人一樣，屬於完全不同的個體，因此有可能為了生存而展開能量競爭。但是，「錦弁慶」則會培育小植物直至其獨立。以動物

水晶蘭團聚成長的樣子

的情況來看，養育和幫助後代的行為可能並不特別。但是，對於長時間生活在同一位置的植物來說，即使是子孫也要分享陽光和營養，所以不會心甘情願。顯然，「錣弁慶」的行為是利他性的。

最近有報告指出，與同類植物近距離種植的作物會長得更好，收穫量也更大。以十字花科的菫娘芥屬（*Moricandia*）植物為對象的實驗顯示，如果生長在屬性相近的植物附近，部分個體會開出更多的花，更集中於花粉生產。把生產種子的能量集中到花的生產上，幫助同屬的其他個體受精，以生產更多種子。另外，還有像向日葵一樣，同一物種排列種植，或是與其他物種混合種植時，將會有不同結果，它會透過調整葉子的角度或

高度等，使陽光均勻照射到相同種類的植物身上。

　　或許有人會認為，自然的世界是自然選擇的結果，只有競爭和弱肉強食的情況存在。但是，在人類的世界裡，被人們視為美德的利他心，不僅存在於動物的世界，在植物的世界裡也確實存在。這或許是決定演化方向的重要因素之一。看到這種植物的世界，讓我覺得利益他人才是自然的真正法則。

直到朋
友來到
我身邊

水杉 *Metasequoia glyptostroboides*

原產於中國，野生個體數量較少，但是在許多
國家，包括韓國在內，經常種植為行道樹或造
景樹。高度可達三十五公尺，生長速度很快。
樹皮剝落成褐色，小樹枝為綠色，一到秋天葉
子就會變成染著紅褐色的紅葉。

在韓國，路旁種的行道樹以銀杏樹居多，所以每逢秋天，變黃的葉子簌簌地掉落，甚至散發出難聞味道的果實也隨處可見。在造訪韓國的西方人眼中，銀杏樹形成的風景是象徵亞洲的特別面貌。這是因為在西方，銀杏樹相當罕見，偶爾只能在植物園裡看到，所以覺得非常珍貴。但是對韓國人來說，這種熟悉又親切的銀杏樹很珍貴嗎？應該也有人是如此認為的吧！事實上，銀杏樹是列入國際自然保護聯盟瀕危物種紅色名錄的瀕危物種。

所有的生物都是按照「界、門、綱、目、科、屬、種」的體系進行分類，植物構成植物界，其中包含所有植物的種類。例如玫瑰隸屬於薔薇屬，薔薇屬在薔薇科之下，薔薇科則在薔薇目之下，薔薇目總共包含了八千

銀杏 *Ginkgo biloba*

銀杏的果實

至一萬餘種。

　　銀杏隸屬於銀杏屬、銀杏科、銀杏目、銀杏綱、銀杏門體系。相較於包含很多物種的薔薇目相比，即使上升至銀杏門階層，屬於該門的物種也只有銀杏一個。從系統分類學上看，可說是一種孤獨的植物，連一個姐妹的物種都沒有。當然，銀杏首次出現在古生代以後，估計原本有十種以上的銀杏樹類別。但是此後由於媒介動物的滅絕和氣候變化，姐妹種自然消失，只剩下其中一個物種存活至今。

　　殘存的這種銀杏，就是我們所知道的銀杏。據悉，目前野生銀杏棲息在中國浙江省等部分地區，個體數量兩百株。甚至還有人主張，不是野生個體，而是人類活動介入的物種，如果這一主張屬實，那麼地球上就不存

在野生的銀杏。

這樣看來，我們身邊的銀杏是多麼珍貴。對於生長成為行道樹、庭院樹的銀杏來說，人類是傳播種子的唯一媒介動物，亦即人類的手正在繁殖銀杏的後代。所以有人說，如果人類滅絕，最先消失的植物就是銀杏樹。這種靠著人類的活動來延續生命的植物，不僅僅只有銀杏。

我們經常在花盆裡種植的蘇鐵，也經歷了和銀杏相似的命運。蘇鐵類是繼銀杏之後出現的原始植物。在侏羅紀至白堊紀時期，遍布地球各地，形成了全盛期，但現在蘇鐵屬只剩下一百一十一多種，它們大部分都像銀杏一樣被列入國際自然保護聯盟瀕危物種的紅色名錄之中。

在韓國，銀行或公家機關的一隅，花盆裡隨處可見的蘇鐵是名為「*Cycas revoluta*」的品種，原產地在日本和中國等地。用花盆可以輕易買到的蘇鐵是人類栽培並銷售的東西。野生蘇鐵像銀杏一樣，棲息處大幅減少，因而被列入國際自然保護聯盟紅色名錄，是需要關注的對象。

蘇鐵本來就是生長在溫暖的氣候下，所以包括濟州

島在內的韓國南部地區，也會把它們培養成為野外庭院樹。但是在其他地區，則是把它們當作觀葉植物種在花盆裡。然而，在花盆裡生長的蘇鐵，很少會開花和結出果實，大部分都是沒有變化地展開堅硬的葉子。所以，從某種角度來看，也像是模型植物。在花盆裡種植的蘇鐵，由於室內氣候不宜，無法開花結果，且生長緩慢。雖然人們因為蘇鐵始終如一的外型很好看，所以種在花盆裡照顧它，但是對於蘇鐵來說，由於棲息環境不合適，導致生長速度非常緩慢，實在令人感到惋惜。

在我們常見的植物中，還有一種讓人感到心酸的植物。那就是在首爾的世界盃公園、南怡島、全羅南道北部的潭陽郡等地，形成美麗行道樹的水杉。它不僅在韓國，在美國、歐洲等地也很受歡迎。水杉原產於中國，是隸屬於柏樹科、水杉屬的唯一物種。水杉也像銀杏樹或蘇鐵一樣是裸子植物，是比被子植物更古老的原始植物。雖然還有一些水杉屬的物種，但它們隨著演化過程全部滅絕，只剩下一種水杉存活下來。野生水杉因為嚴重砍伐導致個體數量減少，目前面臨滅絕危機。

水杉的葉子和種子

　　我們所看到的水杉大部分是由人工栽培，不是自然的交配，主要是人類透過近親交配、插枝等無性生殖繁殖而來。從人類的歷史上也可以看到，透過近親結婚誕生的子孫，很容易由於隱性遺傳基因而罹患遺傳疾病。就像很久以前王室為了保存高貴血統，只在親屬之間結婚，因而生下患有血友病、小頭症（microcephaly）等疾病的子孫一樣。此外，由於家族內部的遺傳結構相似，可能對同一種疾病的抵抗力很脆弱，我們在路上看到很

水杉的果實

多水杉都處於這種狀況。

　　在人類居住的地方，銀杏、蘇鐵、水杉都那麼常見，但在自然環境中卻是非常罕見，這真是相當諷刺的事。因為經常能夠近距離看到，所以覺得很常見，因而會忘記其珍貴性的東西很多。希望我們可以擁有重新思考這些東西的存在和價值的時間。

在名字裡融入尊重

三椏烏藥 *Lindera obtusiloba*

在韓國部分地區被稱為「山茶油」或「山茶樹」。因為剪枝的話，會散發出生薑的香味，所以也叫做生薑樹。春天盛開的黃色花朵與山茱萸相似，但區別在於沒有花柄，雌花和雄花開在不同棵樹上。九月果實成熟後會變成黑色，其種子會用來榨油。

「我被盛開的黃色山茶花深深淹沒。刺鼻又清香的那種氣味，讓人整個精神恍惚起來。」

這是廣為人知的韓國作家金裕貞的小說《山茶花》中的一句話。讀這段話時，有沒有想到用討人喜歡的紅色花瓣來報春的山茶花呢？但是，正如文章所言，用黃色花瓣散發刺鼻香氣的山茶花，是我們所熟知的另一種植物，也就是三椏烏藥，韓國江原道的人將這種三椏烏藥稱為山茶樹。在中學的國文課上，國文老師介紹金裕貞的小說時，也介紹了山茶花，結果我下課後去找老師，告訴他小說裡出現的植物，不是我們所知道的山茶花，而是三椏烏藥的花。現在想起來似乎是有點唐突的行為，幸好國文老師說他自己不太清楚，謝謝我告訴了他。

三椏烏藥 *Lindera obtusiloba*

三椏烏藥在韓國江原道被稱為山茶樹的原因，與古人用來當髮油的山茶油有關。山茶油是從山茶樹的種子中提取的油。在溫暖地區生長的山茶樹是江原道難得一見的植物，山茶油也不容易買到。所以江原道從三椏烏藥的種子中提取油脂，像山茶油一樣來使用，這就是在江原道的三椏烏藥被稱為山茶樹的原因。

　　事實上，這兩棵樹除了同名之外，並沒有任何相似之處。無論是從植物系統學還是生長環境，各方面都完全不同。三椏烏藥屬於樟科，有著打開薄瓣以釋放花粉[*]的特殊雄蕊和具備方向性等樟科植物的特徵。相反地，山茶樹是茶樹科植物，具有邊緣有鋸齒、散發厚實光澤的常綠性樹葉，以及五個花托和花瓣。

　　有別於山茶樹，三椏烏藥在韓國從南到北分布廣泛。只開雌花的雌樹和只開雄花的雄樹分開生長，只有

三椏烏藥雌花（上）和雄花（下）

----

[*]　譯註：植物學稱之為「瓣裂」，指花藥的開孔似花瓣形狀開裂。

在雌樹中才能看到圓黑的果實。果實會從草綠色變成紅色乃至黑色，所以果實也多彩又美麗。為了觀賞這種果實，一定要選好雌樹栽種，附近有雄樹，才能對花進行受精。一到秋天，黃色的樹葉也很美麗。

另外，由於三椏烏藥還有生薑樹這個別名，所以很容易誤認為它的根部就是我們吃的生薑。但是一如山茶樹和三椏烏藥的區別一樣，生薑樹和生薑也是完全沒有關係的植物。生薑是生薑科的草本植物，與矮小的竹子相似，具有平行脈**（parallel vein）的葉子，一般都會挖出它的根部來做成料理或茶。

三椏烏藥之所以有生薑樹這個別名，是因為如果撕掉它的樹葉或莖部後，會散發出生薑的香味。三椏烏藥的花比生薑更加柔和及甜香，春天採花晾乾後，可製作成花茶飲用。

三椏烏藥的雌花枝條（右）和雄花枝條（左）

** 植物葉子的葉脈呈平行狀，主要常見於單子葉植物的葉片上。

植物的名字是依據《國際藻類、真菌和植物命名法規》（International Code of Botanical Nomenclature，ICBN）規則命名，包括水中的藻類、真菌、蘑菇等在內的菌類，也與植物一起遵循該法規。至於動物則是另外依據國際動物命名章程《國際動物命名規約》（International Code of Zoological Nomenclature，ICZN）來命名。在國際上統一使用，每種植物都按照國際植物命名法規制定的名字叫做學名。一般用拉丁語標記。例如，三椏烏藥的學名叫做 *Lindera obtusiloba*。有別於學名，它也會有俗名或地方名，這個名字在地理上有限的範圍內使用。生薑樹就相當於俗名，相較於學名，是採用當地國家的語言來命名，更簡單也更短。但是俗名與學名不同，不能在全世界廣泛使用，不包含系統學分類體系或科學資訊，也缺乏一貫性。因此，雖然容易記得住，使用起來也方便，但也不免會有太偏向人類本位主義之慮，或者對植物而言，似乎過於苛刻的名字。

　　地楊梅（*Luzula capitata*）、水鱉（*Hydrocharis dubia*）、松鼠尾（或名中國石松，*Lycopodium chinense*）、日本鹿蹄草（*Pyrola japonica*）、中國俗名稱貓乳（*Rhamnella frangulioides*）等，還是比較可愛的。聽

到兒媳洗腳墊（*Polygonum senticosum*，台灣俗稱刺蓼）、兒媳肚臍（*Persicaria perfoliata*，台灣俗稱扛板歸）、奶奶網（*Clematis trichotoma*，毛茛科鐵線蓮屬植物，僅產於朝鮮半島）、女婿麵包（*Clematis apiifolia*，中國稱女萎，毛茛科鐵線蓮屬植物）、光棍風花（*Anemone koraiensis*，朝鮮銀蓮花，毛茛科）等名字，不禁讓人疑惑為什麼要給植物添加代表人際關係的名字。大狗蛋草（*Veronica persica*，台灣俗稱阿拉伯婆婆納，車前科）、小糞草（*Greater celandine*）、獐子尿（*Astilbe chinensis*，落新婦，虎耳草科）、鼠尿草（*Blumea balsamifera*，艾納香，菊科）、章魚腿（*Penthorum*，扯根菜，扯根菜科）、龍鬚菜（*Asparagus schoberioides*）、泥鰍（*Persicaria sieboldii*，中國俗名稱箭葉蓼，蓼科）、賊鉤子（*Desmodium oxyphyllum*）等名字，還沒來得及看到植物的美麗模樣，就立刻爆笑出來，甚至感到抱歉。

添加上「狗──」「你也──」「我也──」「──屬」等單詞的植物，因為和現有的物種相似而得名。例如，有個叫水仙銀蓮花（*Anemone narcissiflora*）的物種，因為有和其相似的物種，所以取名為「你也是水仙銀蓮花（*Eranthis stellata*，台灣譯名為菟葵）」，

又出現長得像的花，所以取名為「我也是水仙銀蓮花（*Enemion raddeanum*）」。至於狗棗獼猴桃（*Actinidia polygama*）、狗欒樹（*cedrus deodora*，喜馬拉雅雪松）、狗膜緣披鹼草（*Elymus tsukushiensis*，台灣俗稱膜緣披鹼草）等名字前的「狗」字，也意味著和原來的物種很相似，不過很多情況下都含有不如原物種的意思，例如本來就不好吃，或者人類不能很好地使用，所以價值滑落的情況。此外，野雞腿（*Caulophyllum robustum*，中國俗名稱「紅毛七」，小檗科）也和野雞的腿部長得很像。雖然這種植物取的韓國名字既有趣又親切，但另一方面也是以人類的思維為主來命名。站在植物的立場，也許會埋怨，在這片土地上到底誰先扎根？是誰長得像誰呢？因為終歸是由人類來規定它們的關係。

仔細觀察植物的名字，就會發現人類為它們取名字的理由過於簡單，偶爾會覺得不好意思，甚至有些可笑。作為地球上共同生活的一個物種，我覺得這種方式肯定不是充分尊重和理解對方後，才取的名字。

我們在人際關係中是否會在不知不覺中，以自己為中心來判定對方呢？我認為，如果能夠充分地看待和理解對方，不草率地判定，無論是誰都會受到尊重。

如果無法再次相遇

濟州黃耆 *Astragalus membranaceus* var. *alpinus*

這是生長在韓國漢拿山半山腰上的韓國特有種。據說原生地有一、兩處，數量很少，是需要保護的物種。高十五公分，小而多莖。七、八月開黃色蝴蝶狀的花朵。

漢拿山隨著高度和時間的不同而變化莫測。所以，即使山下天氣很好，如果往上爬的話，也不知道會面臨什麼樣的危險。我去找漢拿火絨草（*Leontopodium hallaisanense*）的那一天也是如此。漢拿火絨草只生長在漢拿山山頂的白鹿潭，我和同事們到達山頂時，颳起了大風，甚至可以讓小石頭飛來飛去，因為雲朵遮住了山徑，無法看清前方。雖然我們爬到白鹿潭內側的斜坡上，試著去尋找漢拿火絨草，但是由於大風和雲層，我連同事在哪裡都看不清。因為風實在太大了，所以我們想找一個地方趴著，等待風勢減弱。但是，在完全找不到並想要放棄的瞬間，我的腳底下就有一株布滿白色絨毛的漢拿火絨草，當時的激動至今還歷歷在目。其實漢拿火絨草屬於瀕危植物一級，如果消失在漢拿山上，就

再也見不到。那麼，像漢拿火絨草這種瀕危植物還有哪些呢？

　　韓國在認定滅絕物種時，乃是遵循世界自然保護聯盟的國際標準。「滅絕」意味著物種的消失，這種瀕臨滅絕的物種分為「極危（Critically Endangered，CR）、瀕危（Endangered，EN）、易危（Vulnerable，VU）」等級，而漢拿火絨草屬於瀕危物種。這是以植物個體群的大小、棲息範圍、生存力等為標準來決定等級。韓國環境部將瀕危物種分為一級和二級，一級是比二級更瀕危的物種。但是不管是一級還是二級，能夠找到瀕危生物，就宛如在沙地中找針一樣困難。

　　二〇一三年八月，天氣非常炎熱，在三伏天最後一伏的末伏天，我和同事前往驪州的沼澤地帶，以及智異山、白雲山採集植物。當時是為了尋找只生長在韓國的特有種和二級瀕危植物的黃山梅（*Kirengeshoma koreana*）。我們從其他學者那裡得到了相關文獻和棲息地的資訊，但是依然不容易找到。曾經在柬埔寨、中國海南等熱帶地區平安度過酷暑的我，那天終於中暑了。

最後，同事為了尋找黃山梅，獨自爬到了山頂，我則等燒退了一會兒，清醒後才慢慢下山。

在下山的過程中，我也抱著要找到黃山梅的心情四處尋覓，然而一直走到登山入口處都沒有找到。不過就在登山入口處附近，我發現了那株眾裡尋它千百度的黃山梅，孤零零地滾落在土塊上。就像懸崖上的泥土倒塌後，自然地被拔掉一樣。這種情況實在非常神奇，我甚至想像過是不是有人在採集植物時弄掉了。就像之前找到漢拿火絨草時一樣，在原本以為空手而歸的瞬間，我也遇到了黃山梅，這讓我產生了植物也許不會讓太貪圖自己的人看到的想法。

我在濟州島見過幾次二級瀕危植物的血紅肉果蘭（*Cyrtosia septentrionalis*）。這種蘭花從腐爛的生物身上獲得養分，因此沒有樹葉，秋天時，果實結成像成排的紅辣椒一樣，形態非常神奇。我從以前開始就對這種沒有樹葉、形態獨特的蘭花很感興趣，因此抽空調查並整理了相關資料。但是有一天，我發現人們會放很多這種蘭花的紅色果實泡成酒來喝，甚至自豪地說，因為是二級瀕危植物，所以這種酒更珍貴。於是我馬上向韓國環境

萼脊蘭 *Sedirea japonica*

（又名日本蝴蝶蘭，分布於日本、中國和朝鮮半島）

部報案。

　　蘭花種子雖然多如粉，但發芽率很低。因此，用這種方式將果實全部拔掉，等同將蘭花的未來奪走。身為研究植物的人，對於有人基於某些植物珍貴而把它挖走的做法，感到非常遺憾和傷心。何況血紅肉果蘭的果實功效在科學、醫學上還沒有明確的說明。即使有，相較於它在世界上已經所剩無幾，植物本身存在的價值，應該遠大於此。為什麼「珍貴」總是成為人類爭取和征服的對象呢？

　　植物分類學家們之間總是半開玩笑地講了這樣的話。如果被指定為瀕危植物，那麼該植物就會從其原生地消失。因為一旦發現其原生地，盜採者就會馬上挖走植物。學者們為了保存瀕危物種而進行調查和報告，但很多瞬間都在思考這樣對於植物是否真的有好處。因此，除了故意提及原生地具體內容外，還有出版報告書或論文的情況。相反地，只有作者和政府相關人士知道場所並採取保護措施。守護這種瀕臨滅絕的植物是人，但是植物面臨滅絕危機也是因為人。在地球上長期演化生存的物種瞬間消失的主要原因，不是氣候變化或自然

韓國特有種濟州黃耆
（*Astragalus membranaceus* var.
alpinus）的果實和種子

選擇，直接或間接的人類活動才是最大的原因。

　　地球上幾乎沒有人類無法觸及的地方，甚至讓人懷疑「奧地探險」一詞是否仍然有效。然而，與此同時，如今站在生存十字路口的植物和動物也與日俱增。「珍貴」一詞在字典裡共有四種含義。

　　1.身分及地位等很高。

　　2.值得尊重。

　　3.十分珍貴。

　　4.很難求得或取到。

韓國特有種毛葉石楠
（*Pourthiaea villosa* var. *brunnea*）
的果實和種子

　　大家經常使用什麼意思的「珍貴」呢？對我來說，
植物是非常珍貴和可貴的重要存在。不僅是植物，希望
我們對於圍繞在周邊的人、關係、物品、自然等，都能
夠再次思考「珍貴」的意義。

植物之心

齒鱗草 *Lathraea japonica*

這是只生長在韓國鬱陵島的寄生植物。它生長在森林中的樹底下，依附著殼斗科、樺木科等植物的根部寄生。由於欠缺葉綠素，整株沒有綠色，它沒有葉子，花梗上只掛著鱗葉。四至五月在筆直的花梗上開花。

最近，即使說養植物的人和植物對話或一起聽音樂，人們也不會覺得奇怪。但是不過在幾十年前，一提到與植物對話，人們就認為這種人很奇怪，即便是熱愛植物的英國人也不例外。伊麗莎白女王的長子、第一順位的王位繼承人查爾斯王子，因為說自己與植物交談而受到了長時間的指責。甚至有人戲稱，由於他精神不正常，所以至今仍然無法繼承王位。後來，面對再次提出的相同質疑，他甚至開玩笑說：「我不是與植物對話，因為我是王子，所以在對植物下指示。」但是，對植物和環境非常關心，喜歡植物的查爾斯王子堅定地實踐了對植物的愛，最近還公開地分享與植物對談幾十年的話題，並且表示種樹時還會牽著樹枝握手。

　　有別於以往，人們反而給予掌聲，覺得他有趣又可

齒鱗草 *Lathraea japonica*

愛。不知從何時開始，我們相信人類可以和植物分享心靈，並從中得到安慰。然而，植物真的可以跟人交心、分享感受和對話嗎？

　　我們熟悉的家具公司宜家家居（IKEA），拍攝了一個實驗影片。他們將同樣種類的兩棵植物放在同一個學校裡養了三十天，讓孩子們對其中一棵植物說否定的話，對另一棵植物說稱讚和好聽的話。隨著時間的推移，聽到否定性言論的植物日漸凋謝而死。在「植物也有人類一樣的感情」的語句下進行的實驗，其實是為了宣傳「反霸凌日（Anti-Bullying Day）」，由海外製作公司發行的。與其說是一種科學邏輯的說明，更像是一種廣宣活動。但是，對於這支影片，也有很多的否定意見。有些人說這個實驗太不科學了，因為植物沒有大腦，沒有心靈，無法區分好話和壞話。若檢視有關與植物對話的論文，大部分都是指植物之間透過化學物質傳達的反應程度，只是用「對話」或「交流」一詞來形容它的程度。若以科學來解釋植物和人類的對話，則是不可能的事情。因為植物並沒有大腦，它無法區分人類的好話和壞話，如果對語言有反應，那可能是因為聲音傳

齒鱗草的花

遞時產生的震動，而不是語言本身所代表的意思吧！

　　有別於與植物對話的實驗，有關植物對音樂有明顯反應的實驗結果很多。植物根據音樂類型的不同，喜歡和討厭的音樂十分明顯，對於適合播放音樂的時段和對音樂的反應也很具體。有些報告指出，若是讓植物聽古典、重金屬、爵士樂，可促進植物生長或增加水果味道。在所有樂器中，植物最喜歡弦樂器，古典音樂作曲家中，甚至具體提到了韋瓦第、貝多芬、舒伯特等名字。針對玉米、大豆、稻米、菸草等農作物，實際上也

透過在栽培地播放音樂的方法，以增加收穫量或獲得高品質的收穫物。

但這些結果與對話可能產生的反應，背後的原理類似。因為音樂會產生震動，就像是模仿了植物在自然狀態下可能經歷的一切，植物因為會將音樂所發出的震動，視為是風、鳥、昆蟲的翅膀。番茄的雄蕊中隱藏著花粉，很難人工授精。在野外，植物對於作為授粉媒介的蜜蜂的翅膀振動，會產生反應而散發出花粉。如果製作出像昆蟲翅膀一樣的振動，番茄就會釋放花粉。如果以各種音樂模仿大自然所產生的刺激，就可以得到促進植物生長、增加水分、增加結出果實的比率、減少害蟲等好處。整體而言，從這種科學原理來看，可以準確地確認一個事實，那就是植物果然沒有心靈，也沒有產生心靈的大腦，無法和人類交流。

在對這樣的結果感到失望

齒鱗草的果實

之前，我已經知道，不論如何分解植物，它們都沒有大腦，也無法與人類分享心靈。但是，每天與植物對話的人，應該會感到很遺憾吧！若我們以更科學的角度來思考如何？對植物來說，大腦意味著什麼？為了生物的成功演化，一定要有大腦嗎？位於食物鏈金字塔最頂端的捕食者——巨型動物或人類，相較於以光合作用生產能量，位於食物鏈最底端的植物，我們真的最成功演化了嗎？在生物演化中，所謂的成功就是保存遺傳基因，傳給下一代，繼續在地球上生存。植物沒有大腦、意識和心靈，也成功地適應了環境並生存著。大腦是需要很多能量的複雜結構，如果無法移動的植物也有大腦，那麼只能消耗能量，也許要承受不必要的痛苦。

有些人說，植物在地球上維持無腦又無心的狀態，找到了自己的利基市場。但是我認為，植物也許是進一步的演化而存活下來。人類有思想和心靈，有時候很難擺脫感情的漩渦，因為疲憊和痛苦的想法而憂鬱度日。

一如佛教《經集》（Sutta Nipata）中所言：「像犀牛一樣獨自前進」，我想切斷不斷延續的意識流動，默默地走下去。因為要學習堅強地獨自生活，所以我覺得

比起像動物的犀牛角，植物更為合適。如果你的日子過得心煩意亂，那麼像植物一樣克服環境，不失為一個好方法。

風前的
燈火

地椒 *Thymus quinquecostatus* var. *magnus*

它雖然與百里香非常相似，卻是只生長
在鬱陵島羅里盆地內的韓國特有種，已
被指定為自然紀念物。與百里香一樣，
具有特殊的香氣，六月開出淡粉色的美
麗花朵，九月果實成熟後呈深褐色，亦
具有香氣。

偶爾會覺得只有自己一個人遺世獨立嗎？每當此時，若想到沒有一個人可以幫忙，就會感到孤獨和悲傷。我喜歡一個人待著，但偶爾有這種想法時，就會想起獨自度過很長一段時間的植物。在韓國，這種代表性的孤獨植物中，我最先想到的是鬱陵島的古老刺柏。鬱陵島的道東港懸崖峭壁上，長著一棵看來岌岌可危的刺柏，它的模樣與生長在宮殿或古廟中優雅的刺柏大大不同。

　　看到它的那個樣子，首先會感到孤獨。它抓住泥土所剩無幾的懸崖，沒有任何同伴，獨自傾斜著生長。作為韓國年齡最大的刺柏，它已經活了兩千多年。由於長時間兀自生長，它應該會有很多孤獨的瞬間吧！接下來我想為大家介紹一些跟它同病相憐的植物。

刺柏毬果
與種子

我曾在二〇一五年去英國皇家植物園拜訪一位相熟的畫家。每當我去找他時，他都會準備一些以前的老畫家們所畫的植物畫原稿來迎接我。看畫看累了，就會去標本室或者植物園，或者去畫家們的工作室聊天。二〇一五年去拜訪他的那天，他特別帶我去一個之前未曾造訪過的祕密空間，那是間有著許多孤獨植物的溫室。在那裡我第一次見到了世界上最小的睡蓮，也就是英國皇家植物園植物學家之間被稱為「侏儒盧安達睡蓮」的 *Nymphaea thermarum*。因為是世界上最小的睡蓮，所以只開出指甲大小的白色小花。在溫室裡由一位名叫卡洛斯‧瑪格達勒納（Carlos Magdalena）的西班牙植物園藝家為我介紹。他告訴我說，二〇〇八年時，這株小睡蓮因人為干預而在盧安達的棲地滅絕，而在它滅絕之前，有人帶了幾株進去英國皇家植物園。

學者們為了讓這些孤獨的植物開花，並且結出種子而費盡心思，但是卻屢屢失敗。後來卡洛斯想起了這種

睡蓮的棲息地曾經是溫泉，因而找出了適當的溫度，並瞭解到為了讓它發芽需要二氧化碳。最終，這種植物得以成功復育，數量開始逐漸增加。二〇一四年，英國皇家植物園經歷了這株小睡蓮被盜採的事件，幸好還有幾株保存於其他地方，所以我在二〇一五年訪問皇家植物園時，還能看到它的花朵。

在這株睡蓮旁邊，有棵形似咖啡樹的植物也長在大花盆裡。那是通常俗稱為「Café Marron」的羅德里格斯咖啡（*Ramosmania rodriguesii*）。它和咖啡樹一樣屬於茜草科（Rubiaceae），白花叢生的樣子也很相似，不過卻是非常特別的植物。這種植物只有生活在模里西斯東邊的小島羅德里格斯，唯獨僅於一八五〇年代曾被某位歐洲人以畫作記錄下來，後來被證明已經完全滅絕。但是在一九七九年，羅德里格斯的一位生物老師將一八〇〇年代畫的副本分發給小學生們，其中一名小男生找到了畫中的植物。那棵植物就是全世界碩果僅存的羅德里格斯咖啡。遺憾的是，由於它相當特別，而且據說對身體也有好處，所以人們開始盜採這棵植物。

卡洛斯說，剛開始搭建的柵欄全都坍塌了，只能設

置第二、第三層鐵絲網。最後他把這棵野生植物關進了籠子裡，這應該是最孤獨又淒涼的植物吧！這種植物的枝幹被送到植物園後，卡洛斯費盡千辛萬苦地讓它成功扎了根，不過長成的植物只開花不結果，再次遇到了繁殖的困難，後來發現了誘導它結出果實的方法，才成功地獲得種子。

但是，也有些植物與羅德里格斯咖啡不同，只有孤零零地剩下一株，永遠只開花卻無法結果。那就是名叫「伍德蘇鐵（*Encephalartos woodii*）」的蘇鐵類植物。這種蘇鐵生長在南非，最終在棲息地滅種。在棲息地消失之前發現的最後一株伍德蘇鐵，被分枝送到幾個植物園，在英國皇家植物園的溫室裡便有一株。遺憾的是，伍德蘇鐵是雌株和雄株分開生長的植物，最後發現的個體是雄株，它只開雄花，沒有辦法結出果實。很多研究員翻遍了該植物的棲息地以尋找雌株，不過至今尚未發現，所以直到現在，這棵樹一直都是孤零零的。

我希望透過《植物學家的筆記》一書，我們能夠學習到植物所具有的強韌生命力和智慧。植物經過長時間的進化，領悟到了許多生活的智慧，但是人類仍然讓很

地椒

多植物變得孤獨和面臨危險。

　　閱讀本書的時候，希望大家都能為了共同生活在地球上的植物，為了愈來愈孤獨的植物，思考一下從植物身上學到的東西，能夠回饋些什麼，並且期望在許多植物消失之前，我們都能見到它們。

地椒 *Thymus quinquecostatus* var. *magnus*

- Swarts, N. D., & Dixon, K. W. (2017). *Conservation methods for terrestrial orchids.*
- Cooper, E. S., Mosher, M. A., Cross, C. M., & Whitaker, D. L. (2018). Gyroscopic stabilization minimizes drag on Ruellia ciliatiflora seeds. *Journal of The Royal Society Interface,* 15(140), 20170901.
- Aboulaich, N., Trigo, M. M., Bouziane, H., Cabezudo, B., Recio, M., El Kadiri, M., & Ater, M. (2013). Variations and origin of the atmospheric pollen of Cannabis detected in the province of Tetouan (NW Morocco): 2008–2010. *Science of the total environment,* 443, 413-419.
- Kim, H. J., So, S., Shin, C. H., Noh, H. J., Na, C. S., & Lee, Y. M. (2015). Hazard Assessment of Green-Wall Plant Campsis grandiflora K. Schum in Urban Areas based on Pollen Morphology and Cytotoxicity. *Korean Journal of Environmental Biology,* 33(2), 256-261.
- Wang, W., Haberer, G., Gundlach, H., Gläßer, C., Nussbaumer, T. C. L. M., Luo, M. C., ... & Messing, J. (2014). The Spirodela polyrhiza genome reveals insights into its neotenous reduction fast growth and aquatic lifestyle. *Nature communications,* 5(1), 1-13.
- Taylor, P. E., Card, G., House, J., Dickinson, M. H., & Flagan, R. C. (2006). High-speed pollen release in the white mulberry tree, Morus

alba L. *Sexual Plant Reproduction,* 19(1), 19-24.

- Gentile, V., Sorce, S., Elhart, I., & Milazzo, F. (2018, June). Plantxel:Towards a plant-based controllable display. In Proceedings of the 7th ACM International Symposium on Pervasive Displays (pp. 1-8).

- Shin, H. W., Kim, M. J., & Lee, N. S. (2016). First report of a newly naturalized Sisyrinchium micranthum and a taxonomic revision of Sisyrinchium rosulatum in Korea. *Korean Journal of Plant Taxonomy,* 46(3), 295-300.

- Kim, M., Pham, T., Hamidi, A., McCormick, S., Kuzoff, R. K., & Sinha, N. (2003). Reduced leaf complexity in tomato wiry mutants suggests a role for PHAN and KNOX genes in generating compound leaves. *Development,* 130(18), 4405-4415.

- Song, K., Yeom, E., Seo, S. J., Kim, K., Kim, H., Lim, J. H., & Lee, S. J. (2015). Journey of water in pine cones. *Scientific reports,* 5(1), 1-8.

- Nogueira, F. M., Palombini, F. L., Kuhn, S. A., Oliveira, B. F., & Mariath, J. E. (2019). Heat transfer in the tank-inflorescence of Nidularium innocentii (Bromeliaceae): Experimental and finite element analysis based on X-ray microtomography. *Micron,* 124, 102714.

- Runyon, J. B., Mescher, M. C., & De Moraes, C. M. (2006). Volatile chemical cues guide host location and host selection by parasitic plants. *Science,* 313(5795), 1964-1967.

- Cho, S. H., Lee, J. H., Kang, D. H., Kim, B. Y., TRIAS-BLASI, A. N. N. A., HTWE, K. M., & Kim, Y. D. (2016). Cissus erecta (Vitaceae), a new non-viny herbaceous species from Mt. Popa, Myanmar. *Phytotaxa,* 260(3), 291-295.

- Hetherington, A. M., & Woodward, F. I. (2003). The role of stomata in sensing and driving environmental change. *Nature,* 424(6951), 901-

908.

- Murphy, G. P., & Dudley, S. A. (2009). Kin recognition: competition and cooperation in Impatiens (Balsaminaceae). *American Journal of Botany,* 96(11), 1990-1996.
- Simard, S. W. (2009). The foundational role of mycorrhizal networks in self-organization of interior Douglas-fir forests. *Forest Ecology and Management,* 258, S95-S107.

K 原創 019

植物學家的筆記：植物告訴我的故事

作　者─申惠雨
審　訂─林政道
譯　者─何汲

出 版 者─大田出版有限公司
台北市一○四四五中山北路二段二十六巷二號二樓
E - m a i l｜titan@morningstar.com.tw　http：//www.titan3.com.tw
編輯部專線｜(02) 2562-1383　傳真：(02) 2581-8761

總　編　輯｜莊培園
副 總 編 輯｜蔡鳳儀
行 銷 企 劃｜陳惠菁
行 政 編 輯｜鄭鈺澐
校　　　對｜黃薇霓／黃素芬／何汲

網路書店｜http://www.morningstar.com.tw（晨星網路書店）
初　刷｜二○二二年六月一日　定價：四五○元
二　刷｜二○二三年五月十日
TEL：(04) 2359-5819 FAX：(04) 2359-5493
購書 E-mail｜service@morningstar.com.tw
郵政劃撥｜15060393（知己圖書股份有限公司）
印　刷｜上好印刷股份有限公司
國際書碼｜978-986-179-740-3　CIP：375.2/111005886

① 填回函雙重禮
立即送購書優惠券
② 抽獎小禮物

國家圖書館出版品預行編目資料

植物學家的筆記／申惠雨著；何汲譯．
——初版——臺北市：大田，2022.06
面；公分．——（K 原創；019）
ISBN 978-986-179-740-3（平裝）

375.2　　　　　　　　　111005886